PC まくらぎの話

改 訂 版

PC まくらぎ研究所

井上　寛美

目　次

1. はじめに

1. はじめに

わが国鉄道の営業キロは、JR各社、民鉄、公営鉄道および地方交通を合計しますと約27,000kmになります．この線路延長の約90%にまくらぎが使用されています．まくらぎの敷設間隔を62.5cmと仮定しますと、約4,000万本のまくらぎが使用されています．

まくらぎを素材で分類しますと、木まくらぎ、鉄まくらぎ、樹脂まくらぎおよびコンクリートまくらぎの4種類があります．コンクリートまくらぎには鉄筋コンクリートまくらぎとプレストレストコンクリートまくらぎの2種類があります．まくらぎの支持方式で分類するとバラスト軌道と直結軌道とに分類され、これらの軌道にも木まくらぎ、樹脂まくらぎ、鉄筋コンクリートまくらぎおよびプレストレストコンクリートまくらぎが使用されています．

木まくらぎは明治3年4月に日本で最初に鉄道が建設された新橋～横浜に使用されました．鉄道輸送量の増加および走行速度の向上により軌道構造強化の施策および腐食対策のため、鉄筋コンクリートまくらぎに引き継がれました．

鉄筋コンクリートまくらぎは大正末期に試験・研究が開始され、試験敷設されました．しかし、本格的に研究・開発に着手されたのは、荒廃した国土の復興のために鉄道輸送力の増強が要求された昭和20年に入ってからで、11種類約18万本が製作され敷設されました．しかし、満足できる結果が得られず、昭和28年に研究・開発が中止されました．一方、プレストレストコンクリートまくらぎの研究・開発は、プレストレストコンクリート技術がフランス国から輸入され、プレストレストコンクリートの基本技術習得のためヨーロッパより約10年遅れて開始されました．プレストレストコンクリートまくらぎが試作・試験敷設されたのが昭和26年のことでした．

本書で説明するまくらぎは、プレストレストコンクリートまくらぎを主として扱います．このプレストレストコンクリートまくらぎは、わが国で研究・開発が開始され、令和6年の時点で73年が経過しました．

現在、まくらぎの設計方法も経験則を基にした許容応力度法から、性能照査型設計法による設計法へと移行しました．許容応力度法による設計方法は将来古文書のように解説書が必要となる時代が訪れることも想定されます．本書で先輩諸氏から受け継いだ技術等をお話としてまとめ、許容応力度法の解説書ならびにプレストレストコンクリートまくらぎ開発経緯・設計方法の防備録を作成しました．プレストレストコンクリートまくらぎに発生する種々の損傷について調査結果と私見を記述しました．

『PCまくらぎの話』の初版では記述しなかった直結軌道および縦まくらぎ軌道に関する記述を追加しました．直結軌道は省力化軌道として、従来型軌道の改良や高架化に伴う新設軌道に多く採用されています．また、縦まくらぎ軌道は過去の事例を検討・研究し、新たに開発された縦まくらぎ軌道も省力化効果が期待され、記述に追加しました．

2. まくらぎの概要

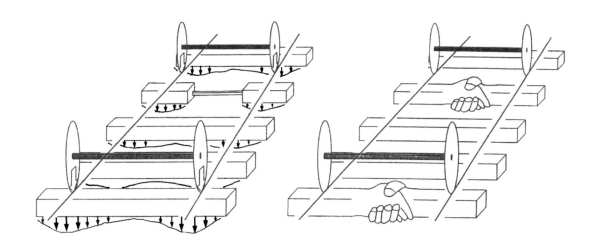

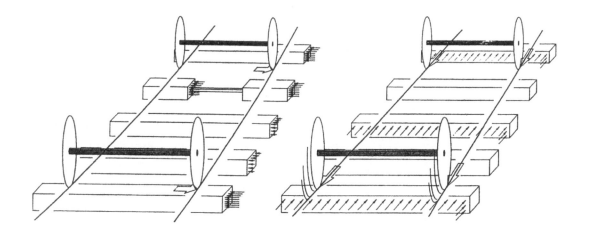

2. まくらぎの概要

2.1 まくらぎに要求される性能

レールとまくらぎを組み合わせた軌きょうを支持層上に配置したものを軌道と表現します．軌道の前身といえるものが使用し始められましたのは、北部ヨーロッパにおいて16世紀に入ってからと言われています．16世紀は時期的には鉱石や石炭の発掘が盛んな時代であったといわれています．初めは地下の鉱石や石炭を掘り進むに従って、掘った跡をいちいち地均しして坑内運搬車のために平らな道を作っていたと考えられます．坑道の延長が長くなるとこの面倒な手間を省くために木の棒を2列に敷き、その上を運搬車を押していくという方法がやがて考え出されたようです．この方法が軌道の始まりであり、**図2.1**に示しますような形態であったと推定されています．この時に、2本の木の棒の間隔を保つためにまくらぎも同時に考え出されたものと思われます 2-1)．

図2.1　最初の軌道の推定図

まくらぎの役割は**図2.2**からも分かるようにレールを固定し、軌間を正確に保持することであり、レールから伝達された列車荷重を広く支持層（以下、道床という）に分布させることです．

まくらぎに要求される機能を**図2.2**に示しましたが、詳細にはつぎのとおりです．

①列車荷重を支持し、これを広く分散して道床に伝達するために十分な強度を有すること（荷重分散機能）

②レールの位置、特に軌間を一定に保つためレールの取付けが容易で、相当の支持力を有すること（軌間保持機能）

③軌道の移動に対する抵抗を有すること（横抵抗機能・縦抵抗機能）

④量産が可能で、価格が安いこと

⑤耐用年数が長いこと

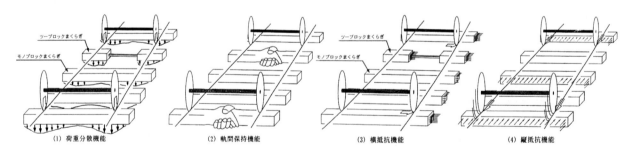

| (1) 荷重分散機能 | (2) 軌間保持機能 | (3) 横抵抗機能 | (4) 縦抵抗機能 |

図2.2　まくらぎ機能の概念図

これらの要求事項を全て十分に満足するまくらぎが理想的ですが、価格が安いこと、耐用年数が長いことを両立させることは困難なことです．

まくらぎの素材での分類を**図2.3**に、敷設方向による分類を**図2.4**に、まくらぎの支持方式による分類を**図2.5**に示します．まくらぎの支持方式とは列車荷重をまくらぎ下に分散・支持させる方法を表します．

素材による分類で各材料について少し詳しく説明します．

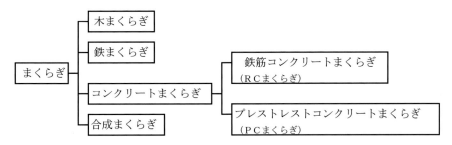

図2.3　まくらぎの素材による分類

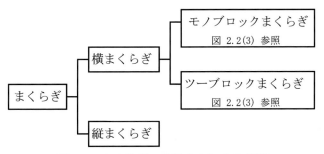

図2.4　まくらぎの敷設方向による分類

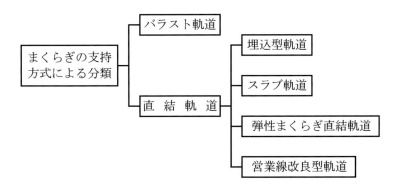

図2.5　まくらぎの支持方式による分類

2.2　まくらぎの素材による分類と開発経緯

2.2.1　木まくらぎ

　木まくらぎは弾性に富み、列車の走行による振動および衝撃を緩和し、レール締結が犬釘等の打込みで簡単にでき、加工も容易であり、軽重量のため運搬・敷設の作業が容易であり、電気絶縁性が高く、低価格であるのが利点です．機械的損傷を受けやすく、割れや腐食、特に犬釘部に腐食が発生しやすく、寿命が短いのが欠点です．蒸気機関車時代には焼損を起こした事例もありました．

　明治3年4月に建設が着された新橋～横浜間では 210 × 23 × 11.5cm（7^{フィート}×9^{インチ}× 4.5^{インチ}）のものが 80cm（1mile/2,000 本）間隔で使用されました．当時の日本は木材資源が豊富であったようです．

　昭和20 年以降は国産木材事情の逼迫に伴い国内調達が困難な状態になり、外国から輸入する木材が使用されるようになりました．外国から輸入する木材も環境問題等から次第に良質の木材が得にくくなってきています．木まくらぎの寿命が短い欠点に対しては防腐処理を施して寿命の延伸を図っています．

　木まくらぎに用いられる樹種を**表2.1**に示します²⁻²⁾．樹種には種々ありますが、主として南洋材のケンパス、カプールが使用されています．ケンパスはマレー半島、スマトラ島やボルネオ島などに分布している樹木です．重く硬い木材ですが耐久性があまり大きくないため防腐剤を注入して、防腐まくらぎとして使用

表2.1　木まくらぎ用 樹種

木まくらぎの種類		区分	樹　種（国産材）	樹　種（外　材）
在来線	並及び分岐	防腐	アサダ、アズキナシ、イスノキ、イチイ、エンジュ、エゴノキ、カシ、エノキ、カエデ、カズノキ、カツラ、カラマツ、カヤ、キハダ、クリ、カンバ（シラカバを除く）、クスノキ、クヌギ、ダブ、ケヤキ、コブシ、コウヤマキ、クルミ（サワグルミを除く）、サイカチ、シイ、サクラ、シオジ、センダン、タブノキ、ツガ、チシャノキ、ツバキ、トネリコ、ナギ、ナラ、ナナカマド、ニセアカシヤ、ニレ、ネムノキ、ハンノキ、ヒバ、フジキ、ブナ、マキ、ブナ、ミズキ、マキ、ミズキ、マメガキ、ムクノキ、ヤチダモ、ヤブニッケイ、ヤマグワ、ヤマモモ、ユズリハ	カプール、クルーイン（アピトンを含む）、ケンパス、ジャラ、台湾カシ、台湾タブ、ピンカド、ダブリカラマツ（グイマツを含む）、米ヒバ、米マツ
	並（継目用）	腐	アサダ、イスノキ、カエデ、カシ、ケヤキ、カンバ（シラカバを除く）、サクラ、シオジ、シデ、タブノキ、ナラ、ニレ、ブナ、ミズメ、ヤチダモ、ユズリハ	カプール、クルーイン（アピトンを含む）、ケンパス
	橋		カエデ、カシ、カツラ、コブシ、セノキ、シイ、タブノキ、ナラ、キレ、ヒバ、ヒノキ、ブナ、ヤチダモ	カプール、クルーイン（アピトンを含む）、ケンパス、ジャラ、台湾カシ、台湾タブ、ピンカド、ダブリカラマツ（グイマツを含む）、台湾ヒノキ、米ヒバ、米マツ
		素材	青森ヒバ、ヒバ（四国及び九州産のものを除く）、ヒノキ（四国及び九州産のものを除く）以下は、北海道産で北海道で使用するものに限る。カツラ、センノキ、ナラ、ヤチダモ	カプール（心材に限る）、ジャラ（心材に限る）、台湾ヒノキ（心材に限る）、ピンカド（心材に限る）、
新幹線	並及び分岐	防腐		クルーイン（アピトンを含む）、ケンパス、ブナ
	橋		ヒバ、ヒノキ	カプール、クルーイン（アピトンを含む）、米ヒバ、ケンパス、台湾ヒノキ

しています．カプールもマレー半島、スマトラ島やボルネオ島などに分布している樹木です．この木材も重く硬いもので、強度にも優れ、耐久性に優れた樹木です．

　防腐対策として、防腐剤を木まくらぎに圧入して耐久性を高める手法が採用されています．この防腐剤には長年クレオソート乳剤が使用されてきました．近年、クレオソート乳剤が人体に有害であると言う問題が指摘され、新しい防腐剤として樹脂を注入する方法に移行しました．樹脂注入による防腐効果は、クレオソート乳剤圧入のものと比較すると耐久性は2倍程度となり、加えて割れ防止の効果にも優れています．しかし、価格はクレオソート乳剤圧入のものと比較して1.5~1.8倍程度になるといわれてます．また、木材自体の品質に木まくらぎの性能が左右される傾向が強く、樹脂注入の木まくらぎの安定性を向上させる検討が必要と言われています．木まくらぎの種類別の形状寸法を**表2.2**[2-3)]に、昭和42年からの防腐まくらぎの

表2.2　木まくらぎの種類別の形状寸法

まくらぎ種類	在　来　線　用			新　幹　線　用		
	厚さ	幅	長さ	厚さ	幅	長さ
並	14	20	210	15	24 35	260
並・継目	14	30	210	—	—	—
分岐	14	23	220, 250, 280, 310 340, 370, 400	15	24	270, 300, 330, 360 390, 420, 450, 480
橋	18	20	210, 240, 270	20	24	260, 300
	20	20	210, 240, 270, 300	25	24	260, 300
	23	20	240, 270, 300	—	—	—

注）単位：cm

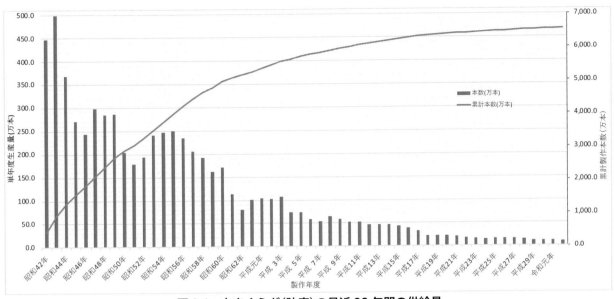

図2.6　木まくらぎ(防腐)の最近20年間の供給量

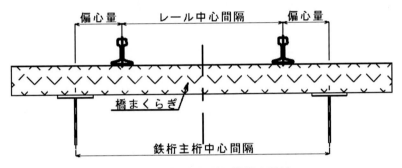

図2.7　橋まくらぎと鉄桁の関係

供給量を**図2.6**[2-4)]に示しました．最近20年間の供給量より在来線用並まくらぎ(一般的な区間に使用される木まくらぎ)本数に換算すると約52~11万本が使用されていますが、世界的に自然保護の機運にあり、将来的には使用量を減少させざるを得ない材料と思われます．

　継目用まくらぎはレールの継目部分に、分岐まくらぎは分岐器部分に、橋まくらぎは一般的な鉄桁橋(無道床桁橋)に使用されます．橋まくらぎには在来線ではヒバ、ヒノキ等が素材で、防腐処理をしたヒバおよびヒノキが使用され、新幹線では防腐処理をしたカプール、米ヒバ、ケンパスが使用されています．橋まくらぎが並まくらぎより断面寸法が大きいのは**図2.7**に示すように荷重作用位置：レール位置と支持位置：と鉄桁中心間に偏心が生じるためです．なお、近年新しく設計された鉄桁はレール位置と鉄桁中心が一致するよう設計されています．

2.2.2　鉄まくらぎ

　鉄まくらぎは、鋼または鋳鉄で造られます．形状的には木まくらぎのような形(モノブロック)やまくらぎの中央部を絞り込んだ形(ツーブロック)があります．

　鉄まくらぎの特徴は、強度が高く、耐衝撃性が高く、耐用年数が長く、締結装置より作用する横圧(レールに対し直角方向に作用する力)に対する抵抗性が大きいことです．一方、欠点は電気絶縁性が悪く、高価であると一般的にいわれています．スイス、ドイツ等の諸国で実績があります．熱帯地方の諸国では木まくらぎが虫害を受け易いため普及しているようです．

7

我が国においては、1893年(明治26年)に碓氷峠の旧信越本線横川〜軽井沢間の8kmのアプト式軌道区間に、ドイツのThyssen社製の約10,000本が敷設されました[2-5, 2-6]．この鉄まくらぎの補充は、1945年(昭和20年)以前までは全て輸入に頼っていましたが、それ以降は全て国産となりました．碓氷峠区間における鉄まくらぎの耐用年数は約15年程度で、まくらぎ交換理由の主なものはレールをまくらぎに固定する締結ボルト用孔付近の腐食およびひび割れでした．**図2.8**に碓氷峠で使用された鉄まくらぎの概要を示します．

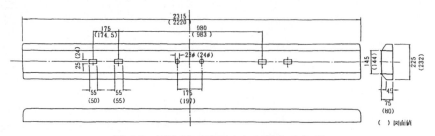

図2.8　碓氷峠で使用された鉄まくらぎ

　御殿場線では1928年(昭和3年)にドイツおよびフランスより輸入した鉄まくらぎが敷設され、1979年(昭和54年)までの51年間使用されました．御殿場線の鉄まくらぎの耐久性が旧信越本線の碓氷峠で使用された鉄まくらぎより大きかったのは、耐腐食性の大きい低炭素リムド鋼が使用されていたためといわれています．**図2.9**に御殿場線で使用された鉄まくらぎの概要を示します[2-7]．

　東日本旅客鉄道株式会社(以下、JR東日本という)で試験・開発されたダクタイル鋳鉄製ツーブロック形式の鉄まくらぎの形状を**図2.10**に示します[2-8]．直線および半径600m以上の曲線区間でロングレール化が可能となるように道床横抵抗力600kgf/本を確認した後小海線に敷設され、ロングレール化されました．鉄まくらぎで重要な問題となる左右レール間の絶縁性の問題に対しては軌道パッドを改良する方法で対処してます．

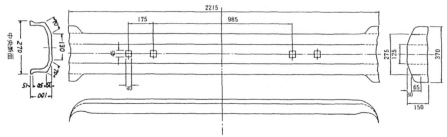

図2.9　御殿場線で使用された鉄まくらぎ

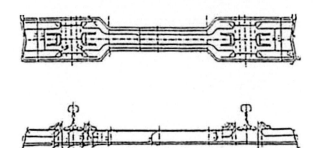

図2.10　JR東日本式ツーブロック式鉄まくらぎ

　西日本旅客鉄道株式会社(以下、JR西日本という)では低廉化を図るためH型鋼を使用した鉄まくらぎ(H形スチールまくらぎ)の開発が行われました．H形スチールまくらぎの形状を**図2.11**に示します．レールの締結は予めまくらぎ本体に溶接したフック(**図2.11**参照)に鋼製くさびを差し込む構造とし、左右レール間の絶縁は軌道パッドとインシュレータで確保する方式です．このH形スチールまくらぎは、小浜線に供用されています[2-9]．

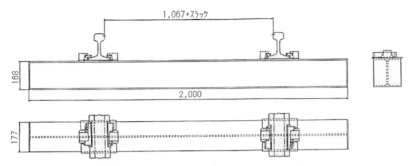

図 2.11　JR 西日本式 H 形スチールまくらぎ

　日本貨物鉄道株式会社（以下、JR 貨物という）ではコンテナヤードでの入れ替え作業に対し、低速走行区間の直線および半径 440m 以上の区間での使用と低廉化を前提に開発が行われ、形状を**図 2.12**、**写真 2.1** に示します[2-10]．この方式も 2 ブロック型ダクタイル鋳鉄が使用されました．

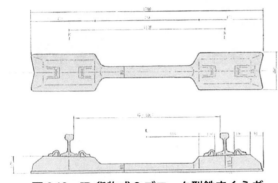

図 2.12　JR 貨物式 2 ブロック型鉄まくらぎ　　　**写真 2.1　2 ブロック型鉄まくらぎ**

　大井川鐵道株式会社井川線アプトいちしろ～長島ダム駅間標高差 89m の延長 1,360m の大部分が急勾配（90‰）のアプト式区間に**図 2.13** に示す形状の鉄まくらぎが使用されています[2-11]．

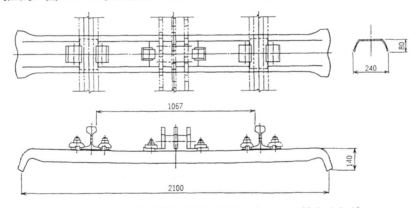

図 2.13　大井川鐵道井川線で使用されている鉄まくらぎ

　余談になりますが、アプト式鉄道について簡単に説明します．アプト式とはカール・ロマン・アプト（Carl Roman Abt:1850~1933 年 スイス）が発明した急勾配を上るためのラック鉄道です．**図 2.13** において中央部にラックレールが締結できるようになっています．**写真 2.2** に PC まくらぎの例ですが、ラックレールを締結した状態を示します．アプト式機関車には「ラックホイールピニオン」と言う歯車がついており、「ラックレール」と噛み合わせて急勾配区間の上り、下りを行います[2-11]．

　鉄まくらぎを採用する利点の外に、**図 2.14** に示すようにバラスト厚さを確保してもまくらぎ高さが低いため、レールレベルを低くする事が可能となります[2-12]．

　この外、北海道旅客鉄道株式会社（以下、JR 北海道という）、東海旅客鉄道株式会社（以下、JR 東海という）および九州旅客鉄道株式会社（以下、JR 九州という）で開発・試験敷設が行われています．製鉄所の構内線

では比較的多く使用されています．全体的にはコンクリートまくらぎの普及により徐々に交換され、敷設本数は減少傾向にあります．

2.2.3 合成まくらぎ

合成まくらぎは、ガラス長繊維と硬質発泡ウレタンとで構成される複合材を板状に積層化し、まくらぎの形状に成型したものです[2-13]．1979~1981年（昭和54~56年）に研究・開発され、試験敷設後実用化されました．このまくらぎの重量や取扱い性は木まくらぎとほとんど同様と言われています．紫外線に対する耐候性、吸水性に対する抵抗性は木まくらぎより優れ、曲げ応力に対する抵抗性、犬釘等の引抜に対する抵抗性および電気絶縁性は木まくらぎより優れています．この性質より、腐食環境や大きい荷重条件下での使用に適しています．合成まくらぎは工業製品として大量生産が可能であり、長尺品の生産も可能です．表2.3にJISに規定される種類と寸法を示します[2-14]．合成まくらぎの耐久性は、木まくらぎにクレオソード乳剤を注入し防腐処理をしたものと比較すると約2.5倍となるそうです．しかし、価格をクレオソード乳剤処理の木まくらぎと比較すると約4~5倍と高価なようです．したがって、使用範囲を交換が困難な無道床のI形桁あるいはトラス桁の鋼桁の橋まくらぎ用、分岐部分のまくらぎ用、地下鉄を含むトンネル内の短まくらぎとして使用時に合成まくらぎの特徴と経済性を十分発揮する材料です．図2.15に合成まくらぎの敷設実績を示します[2-15]．

写真2.2 ラックレールの締結状態

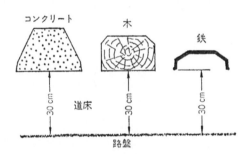

図2.14 まくらぎ種類とバラスト厚

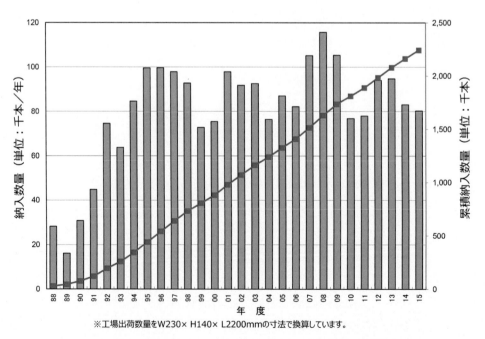

※工場出荷数量をW230×H140×L2200mmの寸法で換算しています。

図2.15 合成まくらぎ（FFU合成まくらぎ）の敷設実績

表2.3　JIS E 1203 に規定される種類と寸法

種類	普通鉄道用 記号	厚さ	幅	長さ（mm）				新幹線鉄道用 記号	厚さ	幅	長さ（mm）			
合成短まくらぎ	N−S	140	200	600				S−S	150	240	600			
合成並まくらぎ	N−N	140	200	2,100	2,600			S−N	150	240	2,600			
合成並まくらぎ（継目用）	N−NJ	140	300	2,100	2,600			S−NJ	150	350	2,600			
合成並まくらぎ（ケーブル防護用）	N−NC	140	300	2,100	2,600			S−NC	150	240	2,600			
合成分岐まくらぎ	N−P	140	230	2,000 2,800 3,600 4,400 5,200 6,000 6,800	2,200 3,000 3,800 4,600 5,400 6,200 7,000	2,400 3,200 4,000 4,800 5,600 6,400	2,600 3,400 4,200 5,000 5,800 6,600	S−P	150	240	2,700 3,400 4,200 5,000 5,800 6,600	2,800 3,600 4,400 5,200 6,000 6,800	3,000 3,800 4,600 5,400 6,200 7,000	3,200 4,000 4,800 5,600 6,400 7,200
合成分岐まくらぎ（ケーブル防護用）	N−PC	140	280	2,200 3,000 3,800 4,600 5,400 6,200 7,000	2,400 3,200 4,000 4,800 5,600 6,400	2,600 3,400 4,200 5,000 5,800 6,600	2,800 3,600 4,400 5,200 6,000 6,800	S−PC	150	240	2,700 3,400 4,200 5,000 5,800 6,600	2,800 3,600 4,400 5,200 6,000 6,800	3,000 3,800 4,600 5,400 6,200 7,000	3,200 4,000 4,800 5,600 6,400 7,200
合成橋まくらぎ	N−B	200	200	2,100 2,500	2,200 2,600	2,300 2,700	2,400	S−B	200	240	2,600	3,000		
	N−BU	140	200	2,100 2,500	2,200 2,600	2,300 2,700	2,400	S−BU	200	240	2,600	3,000		

2.2.4　コンクリートまくらぎ

コンクリートまくらぎには**図 2.3** に示したように、鉄筋コンクリートまくらぎ(Rein- forced Concrete Sleeper 以下、RC まくらぎという)のものとプレストレストコンクリートまくらぎ(Prestressed Concrete Sleeper 以下、PC まくらぎという)の 2 種類にコンクリートの補強方法で分類されます．この本の表題「PC まくらぎの話」はプレストレストコンクリートまくらぎ、すなわち、PC まくらぎについて主として記述するものです．

(1) 鉄筋コンクリートまくらぎ(RCまくらぎ)

鉄筋コンクリートとは圧縮力に対する抵抗性が大きいコンクリートと引張力に対する抵抗性の大きい鉄筋を有効に組み合わせ、外力に対して一体となって働く複合材料から成り立っています．コンクリートは引張強度が不足するので鉄筋がこれを補い、コンクリートは圧縮力を分担して外力に抵抗します．この構造方式を採用したまくらぎが鉄筋コンクリートまくらぎ、すなわち、RC まくらぎです．

フランス人のランボ(Joseph-Louis LAMBOT ？)が 1855 年に取得した特許の中に鉄道用まくらぎに関する記述があり、ランボが RC まくらぎの発明者です．しかしながら、一般的にはフランス人の植木屋モニエ(Joseph MONIER 1823~1909)によって発明されたと言われ、1877 年(因みに、明治 10 年です)に**図 2.16** に示す RC まくらぎで特許を取得しています[2-16]．

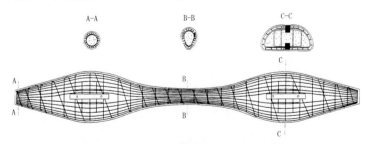

図2.16　モニエの発明した RC まくらぎ

これ以来、ヨーロッパ諸国では多種多様な形式の RC まくらぎが設計・試作され、敷設されましたが、いずれも決定的な成功を収めるには至りませんでした

ただ、フランスのツーブロックまくらぎである RS 型まくらぎは成功を収め現在もこの改良型がフランス国鉄の TGV でも使用されています．**図 2.17** にツーブロックまくらぎを示します [2-17]．

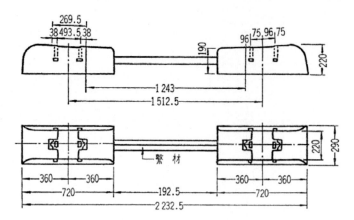

図 2.17　フランス国鉄の RS 型まくらぎ（ツーブロック方式）

ツーブロックまくらぎは、**図 2.2** に示したようにレール直下部分の鉄筋コンクリート短まくらぎは荷重分散機能として、左右の短まくらぎを連結する鋼材は軌間保持機能として作用します．この構造の利点は、要求される機能を鉄筋コンクリートと鋼材とに分離した点にあります．**図 2.2** に示すモノブロックまくらぎのような形状の場合は、左右のレール間の中央付近（軌道中央付近）は道床反力により曲げ引張応力が発生します．この引張応力がコンクリートにひび割れを発生させ、まくらぎの耐荷力を低減させます．これに対して、ツーブロックまくらぎの場合は、軌道中央付近は鋼材となっているため、道床反力が極小となり発生する曲げ応力も小さく、また、鋼材であるため引張応力に対する耐荷力が大きく非常に安全となる構造形式のものです．さらに、鋼材にはレール再生鋼を使用し、余分なコンクリートを省略しているため経済性が高いまくらぎです．このまくらぎは**図 2.2** に示したように車両が蛇行した場合に作用するレール横圧に対し抵抗する面が 2 面となるため軌道が横方向の移動に抵抗する力、道床横抵抗力が大きく確保できる利点があります．

我が国のモノブロック RC まくらぎの開発は、1918 年（大正 7 年）頃から資源難のため木まくらぎの価格が高騰し、需給のバランスが崩れる傾向が見え始めたため、官民で開始されたのが始まりです．1925 年（大正 15 年）に民間考案の RC まくらぎ−A 型（石浜式）20 本が関西本線湊町駅構内の上り本線に試験敷設されました．**図 2.18** に石浜式 RC まくらぎの例を示します [2-18]．これが、我が国における RC まくらぎの最初です．その後も RC まくらぎについては、1932 年（昭和 7 年）頃まで熱心に研究が行われました．しかしながら、試作品の中で最も優れていた石浜式 RC まくらぎもひび割れの発生、レール締結部の損傷、保守労力の増加等の欠点が目立ったため、1935 年（昭和 10 年）頃までに全部撤去され、ヨーロッパと同様な運命をたどったようです．

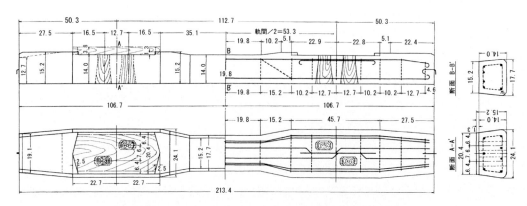

図 2.18　石浜式 RC まくらぎ（A 型）（モノブロック方式）

　戦後になり、木材の不足から木まくらぎの入手が困難となり、その対策として RC まくらぎの研究・開発が 1948 年（昭和 23 年）頃に再開され、1952 年（昭和 27 年）までに 17 万本超が製作敷設されました．しかしながら、締結装置が弾性締結でなかったこと、セメントの質、製作方法に起因するコンクリートの強度不足等を起因としたひび割れが発生し、その結果長期の使用に耐えることができず撤去されました．そして、1951 年（昭和 26 年）に初めて試作された PC まくらぎの成功により、RC まくらぎは全く使用されなくなりました．1948 年（昭和 23 年）から 1952 年（昭和 27 年）まで 5 年間における RC まくらぎの形式別の敷設本数を**表 2.4** に示します [2-19]．

表 2.4　RC まくらぎの形式別敷設本数

型式＼年度	1948	1949	1950	1951	1952	合　計	図の番号
省21標準型（A型）	3,600					3,600	図 2.19.1
省21暫定型（B型）	11,900	4,000				15,900	図 2.19.2
興　和　型	5,000					5,000	図 2.19.3
標準 1 号型		0				0	図 2.19.4
標準 2 号型		5,500				5,500	図 2.19.5
標準 3 号型		3,700				3,700	図 2.19.3
標準 2 号改良型			39,500	31,000		70,500	図 2.19.6
標準 3 号改良型			9,300	9,000		18,300	図 2.19.7
側線用 2 号型				4,350		4,350	図 2.19.8
側線用 3 号型				7,450	40,000	47,450	図 2.19.9
合　計	20,500	13,200	48,800	51,800	40,000	174,300	

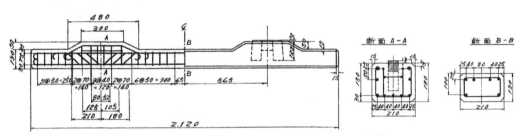

図 2.19.1　運輸省昭和 21 年度標準型（A 型）[2-20]

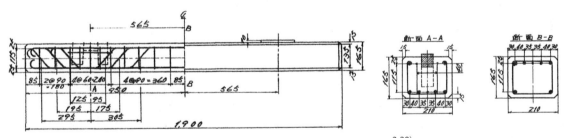

図 2.19.2　運輸省昭和 21 年度暫定型（B 型）[2-20]

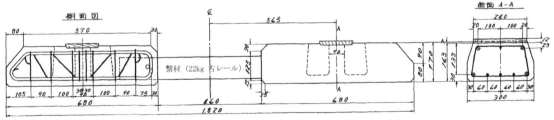

図 2.19.3　興和型⇒標準 3 号型 [2-21]

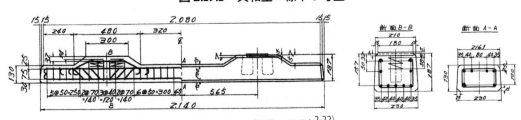

図 2.19.4　標準 1 号型 [2-22]

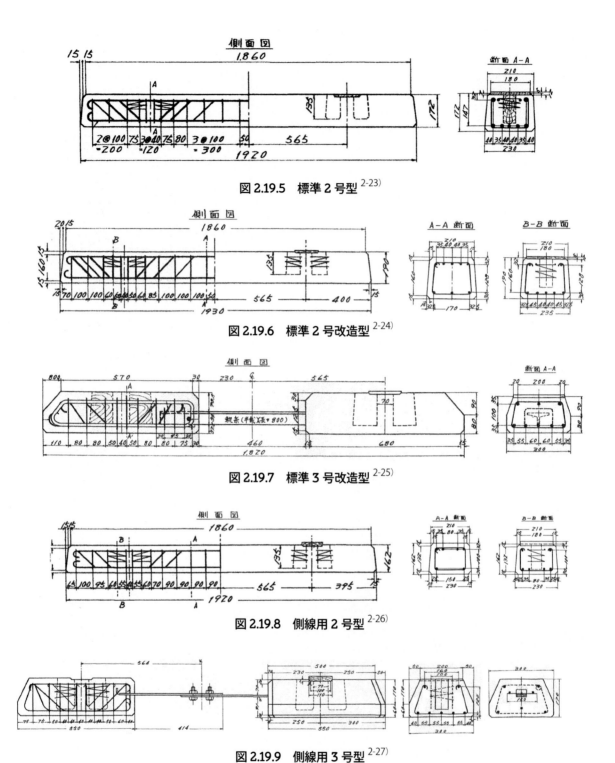

図 2.19.5　標準 2 号型 [2-23)]

図 2.19.6　標準 2 号改造型 [2-24)]

図 2.19.7　標準 3 号改造型 [2-25)]

図 2.19.8　側線用 2 号型 [2-26)]

図 2.19.9　側線用 3 号型 [2-27)]

　我が国のツーブロックまくらぎは、1948 年（昭和 23 年）に**図 2.19.3** に示す繋材に古レール（22kg レール）を使用したものが開発され、敷設状況を**図 2.20** に示します [2-28)]．興和型ツーブロックまくらぎは 1949 年（昭和 24 年）には標準 3 号型と改称されました．1950 年（昭和 25 年）には標準 3 号型改造型が開発されました．主な改造点は繋材埋込部のスターラップの補強と繋材用古レール 30kg の使用です．1951 年（昭和 26 年）には**図 2.19.9** に示す側線用 3 号型が設計され敷設されました．この形式は繋材の埋込み部分に発生するひび割れ等が原因で撤去・廃棄されました．

　1960 年（昭和 35 年）頃には**図 2.21** に示す東海道新幹線用ツーブロックまくらぎが開発され、東海道新幹線の駅構内準本線および側線、速度の低い区間の本線用に使用されました [2-29)]．しかし、レール締結装置の

14

電気絶縁性が悪いこと、重量が PC まくらぎと比べて少なく、道床支持面積および剛性が小さいため保守周期が短いこと、鋼材が腐食するおそれのあること等の理由で本線敷設のものから順次 PC まくらぎに交換され、現在では車両基地に僅かに残る程度となっています.

　1987 年（昭和 62 年）頃になって、工事費の低減化および営業開始後の保守作業の省力化のためにツーブロックまくらぎが設計・試作されましたが[2-30]、当初の計画どおりの需要が見込めず、これも試作のみで発展的には採用されませんでした.

　地下鉄を含むトンネル、あるいは橋梁の路盤鉄筋コンクリート中に埋め込むバラストレス軌道の一つである直結軌道で使用される短まくらぎに、鉄筋コンクリートまくらぎが使用されています. このまくらぎは、特に地下鉄で多量に使用されており、まくらぎに発生する応力はバラスト道床中で使用される RC まくらぎとはとは異なるため、フランス国鉄のツーブロックまくらぎと共に鉄筋コンクリートまくらぎの成功例です. **図2.22** に短まくらぎを示します[2-31].

(2) プレストレストコンクリートまくらぎ（PCまくらぎ）

　この本の主題である PC まくらぎの説明です. まず、プレストレストコンクリートの説明を致します. コンクリートは引張強度が小さいので外力が作用してコンクリートに引張力が作用すると、ひび割れが発生し耐荷力が低下します. この引張力に対し鉄筋で補強した構造が鉄筋コンクリート構造で、この方式で製作されたまくらぎが RC まくらぎです. しかし、RC まくらぎは耐荷力不足で失敗しました. そこで研究・開発されたのがプレストレストコンクリート構造のまくらぎです.

　プレストレストコンクリートの原理は、コンクリートに予め圧縮力を与えておき、外力が作用してコンクリートに引張力が作用してもこの圧縮力が引張力を相殺させて引張強度不足を補う補強方法です. 桁を例に RC 構造と PC 構造を比較したものを**図2.23** に示します. この原理を適用したまくらぎがプレストレストコンクリートまくらぎ、PC まくらぎです[2-32]. **図2.23** では荷重作用時に桁の下面にひび割れが発生した状態となってますが、予め付与する圧縮力を増加させることにより、ひび割れが発生しない状態にすることは可能です.

　わが国では 1942 年（昭和 17 年）頃からようやく PC まくらぎの研究が開始され、列車荷重によって容易にひび割れが発生し、発生したひび割れが急速な破壊へとつながってしまう RC まくらぎから「バトン」を引き継ぐように使用されるようになりました.

図2.20　興和型ツーブロックまくらぎ敷設状況

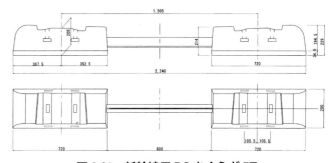

図2.21　新幹線用 RC まくらぎ 5T

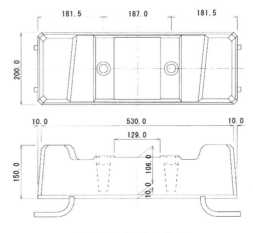

図2.22　短まくらぎ

　まず、PC まくらぎの研究・開発が先行していた諸外国の概要を説明します.

　イギリス国での最初の PC まくらぎは、1942 年に設計された Dow Mac 型 PC まくらぎです. PC まくら

ぎの全長は259cmで、φ5mmのPC鋼線を16本または20本使用し、ロングライン方式で製作されたプレテンション方式のもので、**図2.24**に示すように敷設されました[2-33]. 1948~1951年にはStent型、以降GroupE、FおよびGが製作・敷設されました. **図2.25**にStent型およびGroupE、F、G方式のPCまくらぎを示します[2-34]. Group E、F、Gは図示したように使用PC鋼線の本数が相違します.

フランス国ではRCまくらぎであるRSまくらぎが広く使用されていましたが、第二次大戦の直後から試験的にSTUP、SCOP、Valette-WeinbergのPCまくらぎが開発・採用されました. その後設計変更が行われ、Valette-Weinberg型のみ継続使用され、**図2.26**に示すようにまくらぎ全長は230cmでPC鋼線を使用したプレテンション方式のPCまくらぎです[2-35].

図2.23　プレストレストコンクリートの原理

図2.24　Dow Mac型PCまくらぎの敷設状況

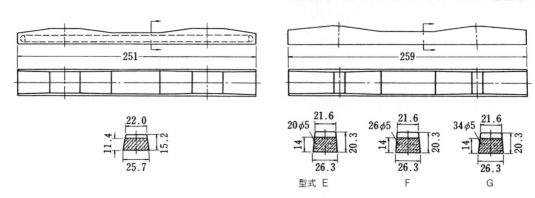

図2.25　StentまくらぎとGroup EFGのまくらぎ

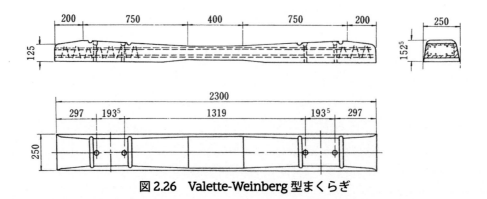

図2.26　Valette-Weinberg型まくらぎ

図2.27 に PC 構造物の大家であるフレシネーが設計した PC まくらぎを示します[2-36].

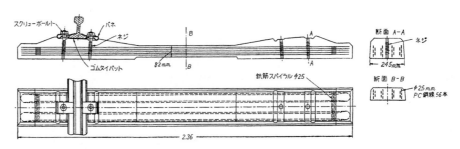

図2.27　フレシネーのまくらぎ

ドイツ国での最初の PC まくらぎは、1943~1948 年に製作された B2 式 PC まくらぎで、φ2.5mm 2 本よりの PC 鋼線を 28 本使用したロングライン方式のプレテンション方式のものです．1949 年には図2.28 に示すものが設計され 1949~1953 年間に 300 万本の大規模な試験敷設を行い、1953 年に B53 式 PC まくらぎが、1955 年に B55 式 PC まくらぎが開発され基礎が築かれたようです[2-37].

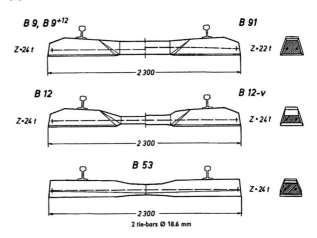

図2.28　B9 型、B91 型、B12 型および B53 型

この期間に開発された PC まくらぎの中には技術的に不適当なもの、技術的には満足できるものの経済性を考慮して廃案となったものもあったようです．B53 式 PC まくらぎ以降はプレテンション方式に加えて、即時脱型方式による PC 鋼棒を使用したポストテンション方式が採用されています．B55 式 PC まくらぎ以後は、PC 鋼棒にヘヤーピン型を 2 組使用する製作方法が追加されました．1958 年開発の B58 式 PC まくらぎは B55 式 PC まくらぎを改良したもので、断面は B55 式 PC まくらぎと共通ですが、まくらぎ長さが 230cm から 240cm と 10cm 延長されています．両者とも使用鋼材としては、φ14.5mm の PC 鋼棒を 4 本あるいは φ9.7mm の PC 鋼棒を 4 本使用するポストテンション方式の即時脱型方式と、φ6.9mm の PC 鋼線を 8 本使用するインディビデュアル・モールド方式（以下、インディビデュアル方式という。）のプレテンション方式で製作されています．図2.29 に B55 式および B58 式 PC まくらぎを示します[2-38].

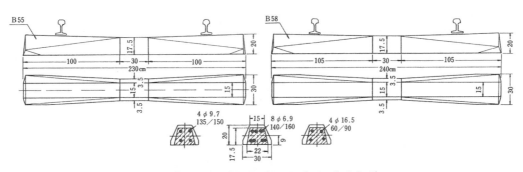

図2.29　B55 式および B58 式 PC まくらぎ

アメリカ合衆国は木材資源が豊富で 1930~1957 年間は防腐技術進歩の結果、木まくらぎの寿命が延びたため PC まくらぎの研究は鉄道主要国中で最も遅れて開始されました．アメリカ鉄道協会（Assoociation of American Railroads：AAR) で 1957 年から研究が開始され、RT-7、AAR-1、AAR-E、Gerwick 等の PC まくらぎが 10 年間で 100 万本以上が製作・敷設されています．図2.30 に MR-1、MR-2、Gerwick まくらぎを示します[2-39]、[2-40].

(1) MR-1型PCまくらぎ

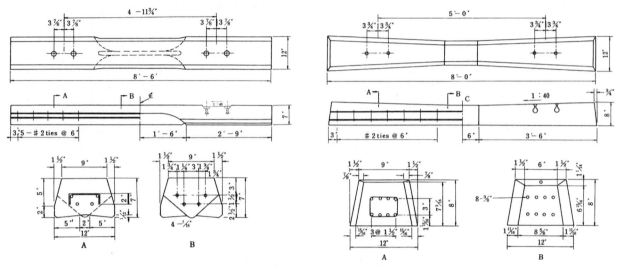

(2) MR-2、Gerwick PCまくらぎ
図2.30　MR-1、MR-2、Gerwickまくらぎ

　ソ連邦（現ロシア国）では1955年からPCまくらぎの試験が開始され、モノブロック型で良好な結果が得られ、S-56型、S-56-ou型、S-57-1型を経過してS56型が標準型となり、1959年から増産されました. **図2.31**にS56型、S56型まくらぎを示します[2-41].

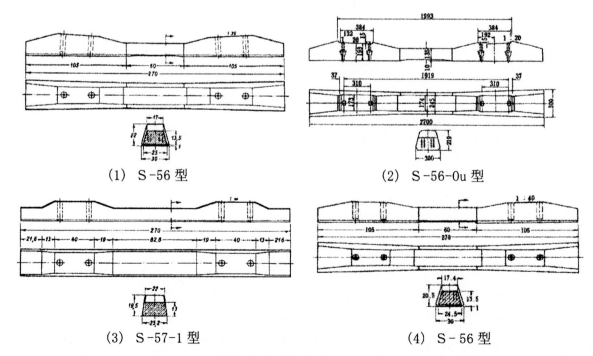

(1)　S-56型　　　　　　　　　　　(2)　S-56-0u型

(3)　S-57-1型　　　　　　　　　　(4)　S-56型

図2.31　ソ連邦のPCまくらぎ

　以上、我が国のPCまくらぎの揺籃期における諸外国の状況を述べました.

　我が国では、プレストレストコンクリートが橋梁等に関する研究・開発に先立って、日本国有鉄道（以下、国鉄という）の鉄道技術研究所において PC まくらぎの研究が 1948 年（昭和 23 年）に開始され、曲げ破壊試験等が行われています[2-42]．その後、東海道本線大森～蒲田駅間に鉄研式 PC まくらぎ（日軌式タイプレート付）36 本が 1951 年（昭和 26 年）に試験敷設されました．これが我が国における PC まくらぎの誕生です．1951 年には、この外、堀越式 3 種類、外山式 2 種類の計 5 種類の PC まくらぎが設計・製作され、合計7,600 本が各地の本線路に敷設されました．これらの PC まくらぎは全てロングライン方式によるプレテンション方式で製作されました．**図 2.32** に 1951 年の鉄研式 PC まくらぎ（日軌型タイプレール付き）を示します[2-43]．この PC まくらぎに使用された PC 鋼材は φ3mm の PC 鋼線でした．

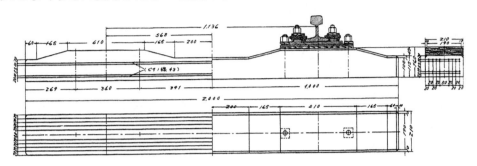

図 2.32　1951 年（昭和 26 年）の鉄研式 PC まくらぎ

3. わが国におけるPCまくらぎ

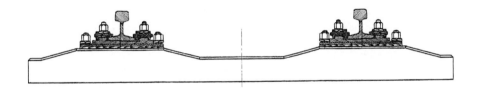

3. 我が国における PC まくらぎ

3.1 揺籃期の PC まくらぎ

　昭和 26 年に**図 2.32** に示した鉄研式 PC まくらぎが、東海道本線大森～蒲田駅間に 36 本が試験敷設された以降の我が国における PC まくらぎの発達の説明です.

　昭和 27 年度には、昭和 26 年度の鉄研式 PC まくらぎの使用 PC 鋼線を φ2.9mm 2 本より線に、PC まくらぎ中央部断面で下縁を 10mm 上げ底として中央部での道床反力を低減させるよう設計変更が行われました. また、レールの締結方法が日軌式タイプレートからまくらぎ本体に埋め込まれた木栓に犬釘またはねじ釘を打ち込む方式に変更されました. **図 3.1** に鉄研式(四木栓型)と鉄研式(二木栓型)を示します[3-1].

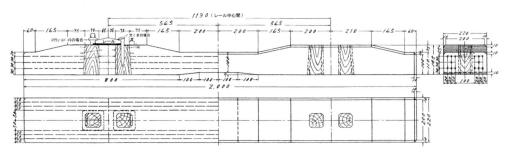

図 3.1.1　鉄研式(四木栓型)

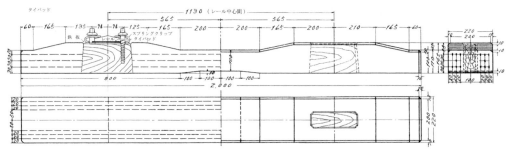

図 3.1.2　鉄研式(二木栓型)

　昭和 28 年度には、昭和 27 年度の鉄研式 PC まくらぎで中央部上縁にひび割れが相当数に発生し、中央断面の上げ底による道床反力緩和が疑問視されました. 上げ底が製作工程上の障害ともなることから、型わくをそのまま利用して PC 鋼より線の図心を断面図心より多少上方へ移動させる設計変更が行われました. 加えて、レールの締結方法を木栓と犬釘等を使用する方式からボルトとスプリングクリップ(板ばね)を使用する方式の 4 形式のものへ改良され、試験的に使用されました. PC まくらぎに電気的絶縁性が要求されることから、ボルトのアンカーとしてゴムまたは合成ゴム等が埋込栓として使用され鉄研式(A 型)、鉄研式(B 型)、鉄研式(C 型)および鉄研式(D 型)が試作・試験敷設されており、形状寸法と締結装置を**図 3.2** に示します[3-2].

　昭和 29 年度は、昭和 28 年度の鉄研式まくらぎと形状寸法を同一とし、PC 鋼より線の図心位置を多少上方に移動させる設計変更を行っています. レール締結装置についても 4 種類のものが検討・製作され、試験敷設されました. **図 3.3** に鉄研式(D 改造型)、鉄研式(E 型)、鉄研式(F 型)、鉄研式(G 型)を示します[3-3]. 締結装置をフランス国からの輸入品を採用した**図 3.4** に示す鉄研式(フランス国鉄型)も試作・試験敷設されています[3-4].

　昭和 30 年度には断面形状および PC 鋼より線の配置が同一で締結装置を改良した鉄研式(E(30)型)、鉄研式(G(30)型)、鉄研式(G 改造型)および鉄研式(E 改造型―レジテックス―)が試作・試験敷設されています. 鉄研式(E 改造型)は φ5mm の PC 鋼線を使用し、まくらぎ端部に特殊な PC 鋼線定着用鉄筋篭を設け

た設計です．**図 3.5** に鉄研式（E（30）型）、鉄研式（G（30）型）、鉄研式（E 改造型）、鉄研式（G 改造型）および鉄研式（E 改造型 - レジテックス）を示します [3-5]．同年に鉄研式 E 改造型を形状寸法、締結装置および PC 鋼材の配置を変更せず、PC 鋼線の径および緊張力、コンクリートの圧縮強度および粗骨材の最大寸法を変更した国鉄 0 型呼ばれる PC まくらぎを試作し、試験敷設しました．国鉄 0 型 PC まくらぎを**図 3.6** 示します [3-6]．

　昭和 31 年度には国鉄 0 型 PC まくらぎの形状寸法と PC 鋼線の配置は変更せず、埋込栓の材質を改良した標準 E 型締結方式および標準 G 型締結方式を装着した国鉄 1 号 PC まくらぎが試作・試験敷設されました．**図 3.7** に国鉄 1 号（標準 E 型締結方式）および国鉄 1 号（標準 G 型締結方式）を示します [3-7]．鉄研式 PC まくらぎから国鉄 1 号 PC まくらぎは全てプレテンション方式で製作されました．

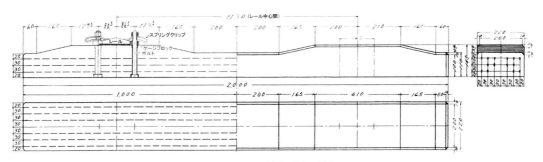

図 3.2.1　鉄研式（A 型）

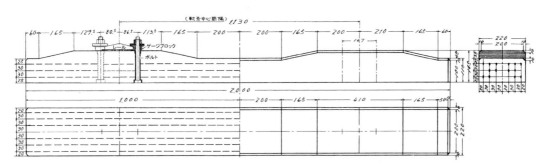

図 3.2.2　鉄研式（B 型）

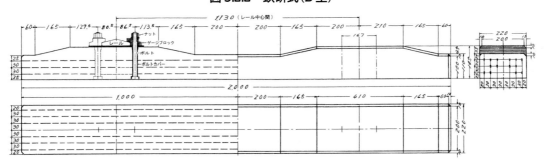

図 3.2.3　鉄研式（C 型）

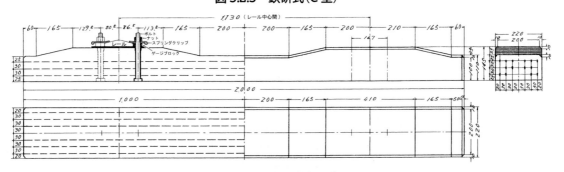

図 3.2.4　鉄研式（D 型）

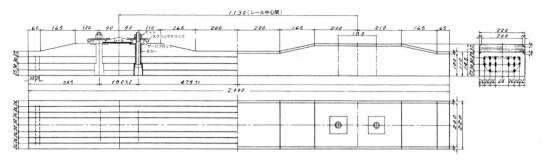

図 3.3.1　鉄研式（D 改造型）

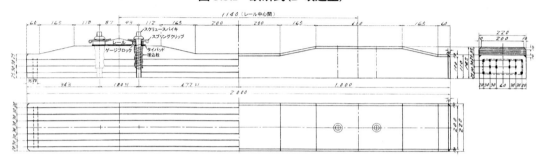

図 3.3.2　鉄研式（E 型）

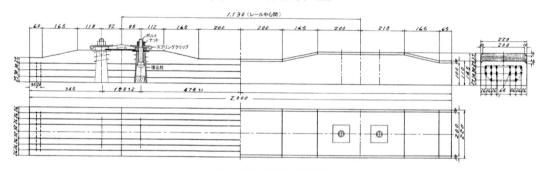

図 3.3.3　鉄研式（F 型）

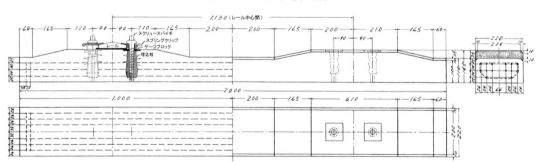

図 3.3.4　鉄研式（G 型）

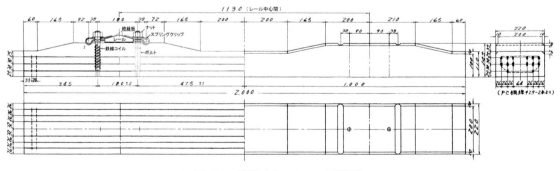

図 3.4　鉄研式（フランス国鉄型）

24

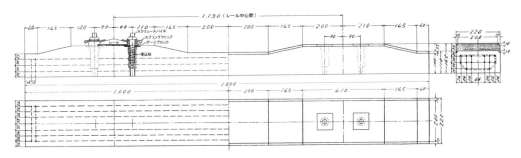

図 3.5.1　鉄研式（E（30）型）

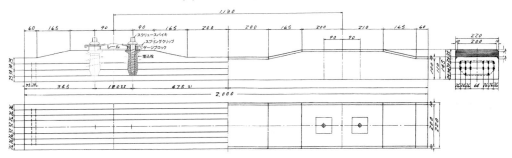

図 3.5.2　鉄研式（G（30）型）

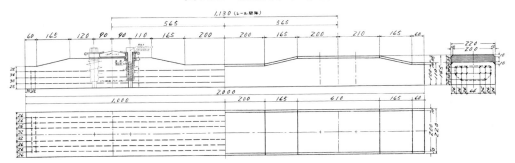

図 3.5.3　鉄研式（E 改造型）

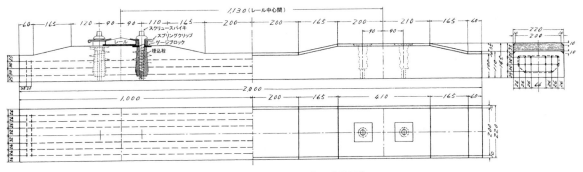

図 3.5.4　鉄研式（G 改造型）

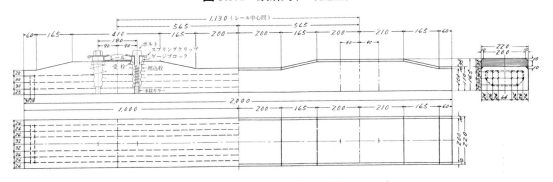

図 3.5.5　鉄研式（E 改造型 - レジテックス）

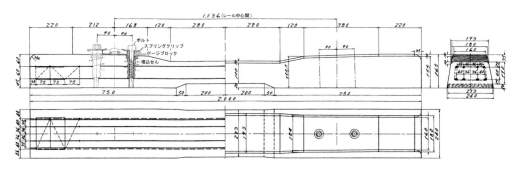

図 3.6　国鉄 O 型 PC まくらぎ

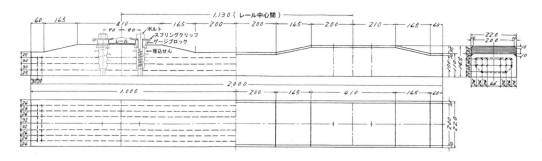

図 3.7.1　国鉄 1 号（標準 E 型締結方式）

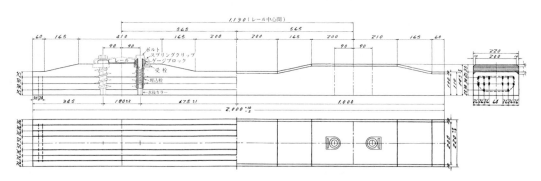

図 3.7.2　国鉄 1 号（標準 G 型締結方式）

　この年には φ19.05mm の PC 鋼棒 2 本を使用した**図 3.8** [3-8] に示すポストテンション方式 PC まくらぎが 7 本試作され、東海道本線大森～蒲田駅間に試験敷設されました [3-9]. このポストテンション方式 PC まくらぎは、約 2 年経過後現地より回収され、ひび割れ等の観察の後破壊試験が行われています. ひび割れの観察結果では、列車荷重による曲げモーメントではひび割れが発生していないことが確認されたそうです. しかしながら、レール締結装置用埋込栓を起点とするまくらぎ長手方向に伸張するひび割れが観察されたそうです. この原因は、締結装置の構造にあると結論されています.

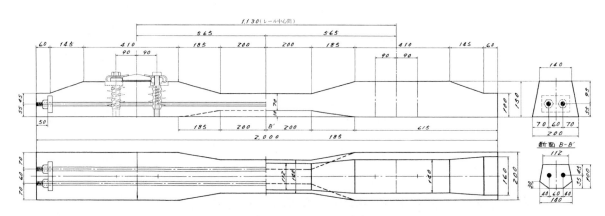

図 3.8　ポストテンション方式まくらぎ

国鉄における昭和 27 年 ~30 年の 5 年間の PC まくらぎの変遷を図示しました．これらの図から、断面寸法の変更、使用 PC 鋼線の変更、PC 鋼線の配置の変更およびレール締結装置の改善が行われたことが判明します．レール締結装置の改造・変更の要点を**表 3.1** に整理しました [3-10]．**表 3.1** によると PC まくらぎの開発・実用化は、PC 鋼線配置の工夫とレール締結装置の弾性化に対する努力であったように考えられ、どちらかというとレール締結装置の弾性化に重きがあったように考えられます．

ちょっと専門的になりますが、PC まくらぎの断面形状と PC 鋼材の配置と設計曲げモーメントについて検討します．なお、設計曲げモーメントの値については後ほど説明します．この想定曲げモーメントを基本に、**図 3.9.1**~ **図 3.9.8** に示した PC まくらぎの断面、PC 鋼材の配置よりレール位置断面下縁の応力度、中央断面上縁の応力度を検討します．レール位置断面下縁および中央断面上縁の応力度に注目したのは、想定曲げモーメントにより生ずる引張力がプレストレスによる圧縮力を超過するか否かを確認し、ひび割れの発生の有無を想定するためです．

表 3.2 に昭和 26 年 ~31 年の試作 PC まくらぎについて設計曲げモーメントによる応力度とプレストレスによる応力度、これらの合成力度を示しました．

まくらぎ断面は**図 3.1**~ **図 3.5** に示した鉄研式まくらぎは矩形断面であるに対し、**図 3.6** の国鉄 0 号は台形断面が採用されています．鋼線の配置は鉄研式タイプレート付方式が 1 形式、鉄研式木栓型方式が 1 形式、鉄研式 A 型方式が 5 形式、鉄研式 D 改造型方式が 11 形式、使用鋼線の径が相違しますが国鉄 0 号方式が 1 形式試作されています．これからから考えると PC まくらぎの開発は断面的には 2 種類、鋼線の配置については 5 種類が検討されています．PC 鋼線の種類は 3 種類ありますが、その後の発展を考慮して φ 2.9mm 2 本よりに付いて検討を加えます．**表 3.2** の合成力の欄を注目下さい．先ずレール位置下面ですが、昭和 29 年度（D 改造型、F 型、G 型、フランス型）、昭和 30 年度（E:30 型）および昭和 31 年度（国鉄 1 号）の試作に比較的大きな引張力（符合が ー）が発生してます．中央断面上面では昭和 27 年度の試作のものに大きな引張力が発生し、他の試作はプレストレスが残留（符合が +）した状態となってます．コンクリートの引張強度は圧縮強度の 1/10~1/15 程度と一般に言われており、当時の PC まくらぎ用コンクリートの圧縮強度は 500kgf/cm^2（49.1N/mm^2）と規定されていたので、許容引張強度は 16.7~11.1kgf/cm^2（1.6~1.1N/mm^2）程度と想定されます．したがって、この引張力とプレストレスによる圧縮力を考慮するとレール位置では曲げひび割れが発生したと考えられます．同様に、中央位置に着目しますと昭和 27 年度の試作は PC まくらぎ中央部上縁に曲げひび割れ（横ひび割れ）が発生したと考えられます．この知見がそれ以降の試作に改善が加えられたものと考えられます．昭和 30 年度試作の国鉄 0 号の断面形状は、その後の 2 号まくらぎ、3 号まくらぎと継承されました．

昭和 31 年頃よりロングレールが普及し始め、PC まくらぎに対する要求が重量は大きく、レール締結が弾性的で強固であり、軌道の横圧に対する抵抗力の大きいものとなり、この要求に対し国鉄 2 号 PC まくらぎが設計・製作されました．**図 3.10** に国鉄 2 号 PC まくらぎを示します [3-11]．国鉄 1 号 PC まくらぎの重量が 125.4kg であるのに対し、国鉄 2 号 PC まくらぎは約 16% 増しの 145.6kg と増加しました．横圧に対する抵抗力については締結装置の受栓の改良、板ばね形状の改良により強化されました．

その後さらに横圧抵抗力を強化させた 5 型締結装置が開発されました．これに対応させるため、国鉄 2 号 PC まくらぎを僅かに設計変更した国鉄 3 号 PC まくらぎ（以下、3 号まくらぎと言う）が昭和 36 年度に開発されました．PC まくらぎ重量も 161kg と増強されました．この 3 号まくらぎは現在も製作され、最も多量に使用されている PC まくらぎです．**図 3.11** に 3 号まくらぎを示します [3-12]．

昭和 36 年度後半には、東海道新幹線モデル線用 PC まくらぎ（1T、2T：1 はプレテンション方式、2 はポストテンション方式）が設計され、製作が開始されました．昭和 37 年度にはモデル線用 PC まくらぎを改良した新幹線用 PC まくらぎ（3T、4T）が設計され、昭和 38 年度にかけて、約 160 万本が製作されました．

以上が、我が国における PC まくらぎの揺籃期約 10 年間の経緯です．

表 3.1.1　1952~1956 年の PC まくらぎとレール締結装置の改造・変更の要点

番号	形式	敷　設　年	締結方式	締　結　部　の　形　お　よ　び　特　徴
		敷　設　本　数	適用レール	
No.1	鉄研式タイプレート式	昭和26年	日軌形タイプレート付	ゲージブロックが特殊な形／日軌式D形タイプレート使用
		2,000本	50kg用	
No.2	鉄研式木栓型	昭和27年	四木栓型	タイパッド／（まくらぎ中央部の底面が10mm凹んでいる）
		6,700本		
No.3	鉄研式木栓型	昭和27年	二木栓型	スクリュースパイキ使用／スプリングクリップ／タイパッド…／鉄板使用／木栓（1個）／（まくらぎの全体の形はNo.2に同じ）
		272本		
No.4	鉄研式A型	昭和28年	A型	スプリングクリップ／ゲージブロック／タイパッド…／←ボルトカバー／←四角ボルト
		5,000本	50kg用	
No.5	鉄研式B型	昭和28年	B型	ゲージブロック（硬質ゴムファイバー）／タイパッド／（スプリングクリップはない）
		10,000本	50kg用	
No.6	鉄研式C型	昭和28年	C型	ゲージブロック（50kg 37kg用の2種類あり）／タイパッド／（スプリングクリップはない）
		15,580本	50kg、37kg用	
No.7	鉄研式D型	昭和28年	D型	スプリングクリップ（65×82・厚さ3.2）／ゲージブロック（37kg用―46×46×8／50kg用―40×40×15）／タイパッド
		10,070本	50kg、37kg用	
No.8	鉄研式D改造型	昭和29年	D改造型	スプリングクリップ（65×100・厚さ3.2）／ゲージブロック（37kg用―57×57×14／50kg用―51×51×20）／タイパッド………→／ボルト「ボルトの頭部がまくらぎ内に深く入り込む」
		33,900本	50kg、37kg用	
No.9	鉄研式E型	昭和29年	E型	スクリュースパイキを使用／スプリングクリップ（75×100・厚さ3.2）／ゲージブロック（37kg用―56×56×9・50kg用―51×51×15）／タイパッド………→／埋込栓（硬質ゴムファイバー）
		11,598本	50kg、37kg用	
No.10	鉄研式F型	昭和29年	F型	スプリングクリップ／ゲージブロック｝No.8に同じ／タイパッドの形／埋込パッドおよび埋込栓／ボルトは37kg継目板用ボルト使用木製の埋込栓でボルトの差込み穴をふさぐ
		製作なし	50kg、37kg用	

表 3.1.2　1952~1956 年の PC まくらぎとレール締結装置の改造・変更の要点

番号	形式	敷　設　年敷　設　本　数	締結方式適用レール	締　結　部　の　形　お　よ　び　特　徴
No.11	鉄研式G型	昭和29年3,000本	G型50kg、37kg用	スクリュースパイキ使用スプリングクリップ…No.9に同じゲージブロック…No.8に同じ(但し穴φ24)タイパッドの形……埋込栓(ポリアルキノール樹脂)
No.12	鉄研式フランス国鉄形	昭和29年3,000本	フランス国鉄形50kg用	二重ネジボルト(ボルトねじ込み部は鉄線コイル使用)スプリングクリップ埋込パッドなしタイパッド(200×127×4.5)フランスよりの輸入品
No.13	鉄研式E(30)型	昭和30年20,600本	E(30)型50kg用	スクリュースパイキ使用スプリングクリップゲージブロック(50kg用)タイパッド} No.11に同じ埋込パッド埋込栓(硬質ゴムファイバー使用)
No.14	鉄研式G(30)型	昭和30年4,800本	G(30)型50kg、37kg用	スクリュースパイキ使用スプリングクリップゲージブロック} No.11に同じタイパッド(ゴム製第1種)……埋込栓(ポリアルキノール樹脂)
No.15	鉄研式E改造型	昭和30年54,130本	E改造型50kg用	六角ボルト使用スプリングクリップ No.11に同じゲージブロック(52×52×26)受栓使用埋込栓(硬質ゴムファイバー)タイパッド(160×125×6)ゴム製第2種・溝付角形
No.16	鉄研式G改造型	昭和30年33,176本	G改造型50kg用	受栓なし埋込栓(ポリアルキノール樹脂)の部分以外はNo.15に同じ
No.17	鉄研式標準EE改造	昭和31年1,000本	レジテックス型50kg用	E改造レジテックス形(昭和30年度)No.15 E改造形の埋込栓ネジ部をレジテックス補強した　標準Eレジテックス形(昭和31年度)No.16標準E形の埋込栓ネジ部をレジテックス補強した
No.18	国鉄O号	昭和31年2,000本	E改造型50kg用	全体の形はNo.15と同じNo.15と違う点{PC鋼線の太さおよび緊張力圧縮強度粗骨材の寸法
No.19	国鉄1号	昭和31年72,417本	標準E型50kg用	六角ボルト使用スプリングクリップゲージブロック受栓硬質ゴムファイバー使用タイパッド(ゴム製第2種・溝付角形180×125×6)
No.20	国鉄1号	昭和31年69,264本	標準G型50kg用	埋込栓にポリアルキノール樹脂製使用その他No.19と同じ

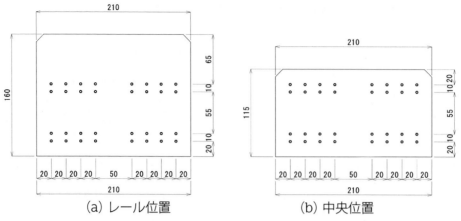

(a) レール位置 (b) 中央位置

図 3.9.1　昭和 26 年度（鉄研式 日軌型タイプレート付）

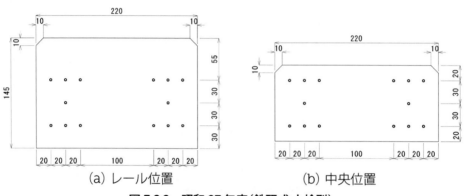

(a) レール位置 (b) 中央位置

図 3.9.2　昭和 27 年度（鉄研式 木栓型）

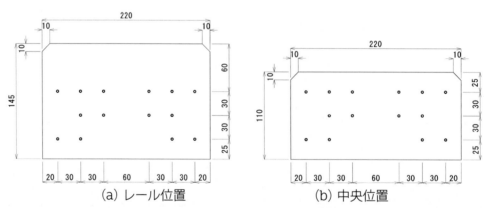

(a) レール位置 (b) 中央位置

図 3.9.3　昭和 28 年度（鉄研式 A 型、鉄研式 B 型、鉄研式 C 型、鉄研式 D 型）

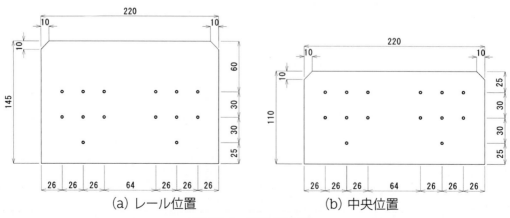

(a) レール位置 (b) 中央位置

図 3.9.4　昭和 29 年度

（鉄研式D改造型、鉄研式F型、鉄研式G型、鉄研式フランス国鉄型）

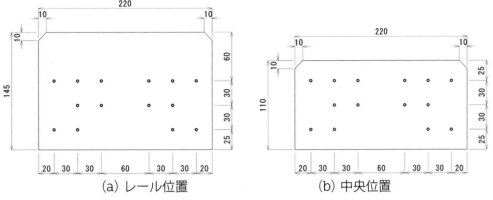

(a) レール位置　　　　　　　　(b) 中央位置

図 3.9.5　昭和 29 年度（鉄研式 E 型）

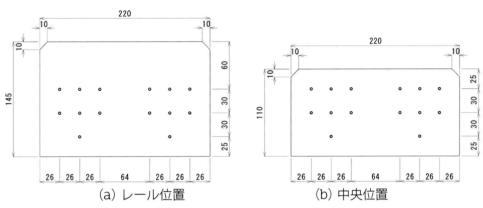

(a) レール位置　　　　　　　　(b) 中央位置

図 3.9.6　昭和 29 年度

（鉄研式E型、鉄研式G:30型、鉄研式E改造型、鉄研式G改造型、鉄研式E改造型:レイテックス）

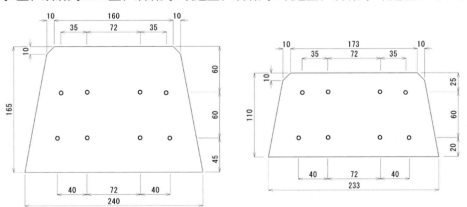

図 3.9.7　昭和 30 年度（国鉄 0 号 標準 E 型）

(a) レール位置　　　　　　　　(b) 中央位置

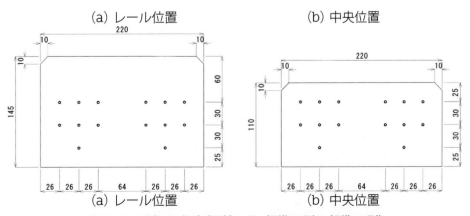

(a) レール位置　　　　　　　　(b) 中央位置

図 3.9.8　昭和 31 年度（国鉄 1 号 : 標準 E 型 & 標準 G 型）

表 3.2　年度別の発生応力度と合成応力度の関係

諸元	単位	昭和26年 レール位置	昭和26年 中央位置	昭和27年 レール位置	昭和27年 中央位置	昭和28年 レール位置	昭和28年 中央位置	昭和29年 レール位置	昭和29年 中央位置	昭和29年 レール位置	昭和29年 中央位置	昭和30年 レール位置	昭和30年 中央位置	昭和30年 レール位置	昭和30年 中央位置	昭和31年 レール位置	昭和31年 中央位置
形式		鉄研式 タイプレート式		鉄研式 木桂型		鉄研式A型 鉄研式C型	鉄研式B型 鉄研式D型	鉄研式D改造型 鉄研式F型	鉄研式G型 鉄研式プランジ圧鉄型	鉄研式E型		鉄研式E:30型、G:30型	E改造型、E改造型レイアウト	国鉄0号標準E型		国鉄1号標準E型	国鉄1号標準C型
断面図		図3.9.1(a)	図3.9.1(b)	図3.9.2(a)	図3.9.2(b)	図3.9.3(a)	図3.9.3(b)	図3.9.4(a)	図3.9.4(b)	図3.9.5(a)	図3.9.5(b)	図3.9.6(a)	図3.9.6(b)	図3.9.7(a)	図3.9.7(b)	図3.9.8(a)	図3.9.8(b)
使用鋼線	mm	φ3.0		φ2.9*2(本より)		φ2.9*2本より		φ2.9*2本より		φ2.9*2本より		φ2.9*2本より		φ5*2		φ2.9*2本より	
使用本数	本	28		14		14		14		14		14		16		14	
緊張長	cm	5.75		6.00		5.93		6.36		5.93		6.36		5.50		6.36	
緊張力/本	kgf	860		2,060		2,060		2,060		2,060		2,060		2,190		2,060	
有効率	%	85		80		80		80		80		80		80		80	
有効緊張力	kgf	20,468		23,072		23,072		23,072		23,072		23,072		28,032		23,072	
		200.7		226.3		226.3		226.3		226.3		226.3		274.9		226.3	
断面図心	cm	7.977	5.728	7.228	4.979	7.228	5.479	7.228	5.479	7.228	5.479	7.228	5.479	7.808	5.390	7.228	5.479
偏心量(e)	cm	-2.23	0.02	-1.23	0.02	-1.30	0.45	-1.30	0.88	-0.87	0.88	-0.87	0.88	-0.31	0.11	-0.87	0.88
断面二次	cm⁴	7,109.0	2,632.0	5,541.1	1,811.4	5,541.0	2,413.3	5,541.1	2,413.3	5,541.1	2,413.3	5,541.1	2,413.3	7,671.3	2,435.3	5,541.1	2,413.3
断面積	cm²	335.0	240.5	318.0	219.0	318.0	241.0	318.0	241.0	318.0	241.0	318.0	241.0	342.5	243.3	318.0	241.0
プレストレス 上縁	kgf/cm²	9.7	86.1	35.4	106.7	33.3	119.5	46.2	142.1	46.2	142.1	46.2	142.1	72.1	122.3	46.2	142.1
プレストレス 下縁	kgf/cm²	112.2	84.1	109.5	104.0	111.6	111.6	98.8	119.5	98.8	119.5	98.8	119.5	90.6	108.4	98.8	119.5
プレストレス 上縁	N/mm²	0.95	8.44	3.47	10.46	3.26	11.72	4.53	13.93	4.53	13.93	4.53	13.93	7.07	12.00	4.53	13.93
プレストレス 下縁	N/mm²	11.01	8.25	10.74	10.20	10.95	10.95	9.69	11.72	9.69	11.72	9.69	11.72	8.89	10.63	9.69	11.72
曲げモーメント 上縁	kgf/cm²	96.5	-114.0	112.2	-144.1	112.2	-119.0	112.2	-119.0	112.2	-119.0	112.2	-119.0	96.9	-119.8	112.2	-119.0
曲げモーメント 下縁	kgf/cm²	-96.9	113.2	-111.5	142.9	-111.5	118.1	-111.5	118.1	-111.5	118.1	-111.5	118.1	-87.0	115.1	-111.5	118.1
曲げモーメント 上縁	N/mm²	9.46	-11.18	11.00	-14.14	11.00	-11.67	11.00	-11.67	11.00	-11.67	11.00	-11.67	9.50	-11.75	11.00	-11.67
曲げモーメント 下縁	N/mm²	-9.41	11.10	-10.94	14.02	-10.94	11.58	-10.94	11.58	-10.94	11.58	-10.94	11.58	-8.53	11.29	-10.94	11.58
合成応力 上縁	kgf/cm²	106.1	-27.9	147.6	-37.4	145.5	0.6	158.4	23.1	158.4	23.1	158.4	23.1	168.9	2.5	158.4	23.1
合成応力 下縁	kgf/cm²	16.3	197.3	-2.0	247.0	0.1	190.2	-12.8	167.8	-12.8	167.8	-12.8	167.8	3.6	223.5	-12.8	167.8
合成応力 上縁	N/mm²	10.41	-2.74	14.47	-3.67	14.26	0.06	15.53	2.27	15.53	2.27	15.53	2.27	16.57	0.25	15.53	2.27
合成応力 下縁	N/mm²	1.60	19.35	-0.20	24.22	0.01	18.65	-1.25	16.46	-1.25	16.46	-1.25	16.46	0.35	21.92	-1.25	16.46

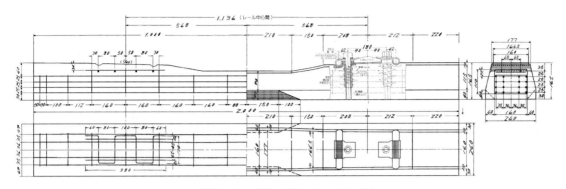

図 3.10　国鉄 2 号 PC まくらぎ

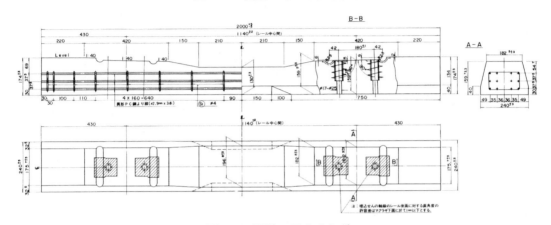

図 3.11　国鉄 3 号まくらぎ

　3 号まくらぎ以降に開発され、現在も製作・使用されている主な PC まくらぎを**図 3. 12** に示します．**図 3.12** に示した PC まくらぎは、平成 9 年の JIS で規格化されたものであり、各 PC まくらぎの使用区分はつぎのとおりです．

①プレテンション方式

　　3PR：3 号まくらぎであり、直線および R ≧ 800m の曲線区間（在来線用）

　　6PR：6 号まくらぎであり、800m＞R ≧ 240m の急曲線区間（在来線用）

　　7PR：7 号まくらぎであり、中下級線（在来線用）

　　SPR：R ≧ 200m の範囲の特殊区間（在来線用）

　　CPR：ケーブル防護用であり、R ≧ 200m の範囲のケーブル部（在来線用）

　　JPR：継目用であり、R ≧ 200m の範囲のレール継目部（在来線用）

　　3T：最高速度 210km/h 以下の区間（新幹線用）

　　3H：最高速度 210km/h を越える区間およびこれに付帯する区間（新幹線用）

②ポストテンション方式

　　3PO：3 号まくらぎであり、直線および R ≧ 800m の曲線区間（在来線用）

　　6PO：6 号まくらぎであり、800m＞R ≧ 240m の急曲線区間（在来線用）

　　7PO：7 号まくらぎであり、中下級線（在来線用）

　　1F：凍上する線区の直線および R ≧ 600m の曲線（在来線用）

　　SPO：R ≧ 200m の急曲線区間（在来線用）

　　CPO：ケーブル防護用であり、R ≧ 200m の範囲のケーブル部（在来線用）

　　JPO：継目用であり、R ≧ 200m の範囲のレール継目部（在来線用）

　　4T：最高速度 210km/h 以下の区間（新幹線用）

4H：最高速度 210km/h を越える区間およびこれに付帯する区間（新幹線用）

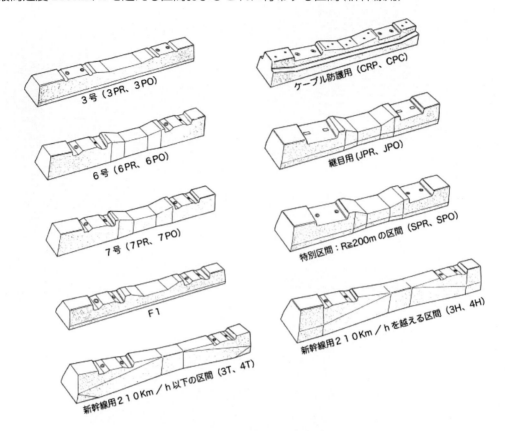

図 3.12　JIS 規格の PC まくらぎ

　図 3.12 に示したケーブル防護用は信号ケーブル等が軌道を横断する箇所に敷設され、**図 3.13** に示すように凹部に信号ケーブルを配置し、鋼板で覆って保守時のマルチプルタイタンパによるバラストの突固め時の信号ケーブル保護を目的とするものです．JR 東日本では**図 3.14** に示すように新幹線用に断面中央に凹部を設けた形式のものが開発されています．

　また、記号の意味するところはつぎのようです．

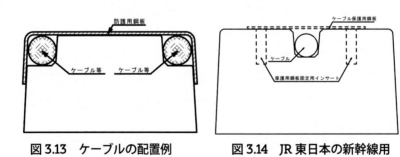

| 図 3.13　ケーブルの配置例 | 図 3.14　JR 東日本の新幹線用 |

3：3 番目の設計
6：6 番目の設計
7：7 番目の設計
1F：1 番目の設計の凍上区間用（Freeze heave）
C：Cable
J：Joint
S：Special section
3T：3 Transport（3：プレテンション方式）

4T：4Transport（4：ポストテンション方式）

3H：3High speed（3：プレテンション方式）

4H：4High speed（4：ポストテンション方式）

この外、

EJ：伸縮継目区間 Expannsion Joint

P5L：Pandrol 50N レール Low（軌道パッド厚 6mm）

P6H：Pandrol 60kg レール Hight（軌道パッド厚 10mm）

P6HE：有道床弾性用で Pandrol 60kg レール Hight（軌道パッド厚 10mm）Elasticity

などがあり、各鉄道事業者によって種々刻印が行われています．なお、Pandrol とはイギリス国に本拠を置くパンドロール社の無螺定式のレール締結装置です．

改めて PC まくらぎの長所と短所を説明すると、以下のとおりです．

長所としては、

① 腐食、腐朽がなく耐用年数が長い．

② 重量が重く、軌道の横座屈に対する抵抗力が大きいため、レールのロングレール化に適している．

③ 二重弾性締結装置の使用により、軌道の狂いの低減化が図られ、保守周期の延伸が可能となるため保守費の節減ができる．

等です．

短所としては、

① レールの締結装置の設計がむずかしい．

② 木まくらぎと比較して価格が高い．

③ 電気絶縁性が木まくらぎと比較して悪い．

等です．

3.2　JIS 化されなかった PC まくらぎ

JIS に規格されている在来線用 PC まくらぎは 3 号、6 号、7 号となっていますが、中間の 4 号、5 号、外はどうなっているのでしょうか．4 号 PC まくらぎの敷設対象区間は旧信越本線横川～軽井沢間碓氷峠の急勾配（66.7‰）・急曲線（Rmin＝350m）区間用として設計・実用化されました．同区間は ED42 電気機関車 4 重連によるアブト式運転方式から F 型電気機関車の本務機と補機による粘着運転に変更になりました．粘着運転のために軌道構造に要求される事項は、

① 大型機関車化による軸重増と速度向上

② 粘着運転によるふく進対策

③ 軸重増と急曲線に伴う横圧対策

です．

①に対しては 37kg レールから 50kg の重軌条化

②については PC まくらぎの重量を 240kg（3 号まくらぎの約 50% 増）と増加

③に対しては横圧荷重に対する抵抗力を増加させるためショルダー部高さを 30mm（3 号まくらぎは 9mm）として対策しました．**図 3.15** に 4 号まくらぎを示します[3-13]．

その後山陽本線八本松～瀬野間の急勾配区間（25‰）にも使用されました．この場合の PC まくらぎ長さは 2,000mm と変更されています．これらの PC まくらぎは後ほど説明する統一型 PC まくらぎの開発により JRS 規格より廃止されました．

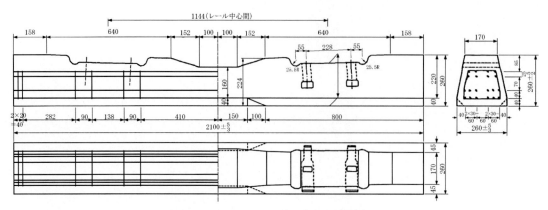

図 3.15　4 号まくらぎ：碓氷峠区間用

　次は試作段階で終わった PC まくらぎです．4 号まくらぎの次なので、5 号まくらぎです．3 号まくらぎの適用範囲は在来線の直線および R ≧ 800m の曲線区間で、4 号まくらぎの適用範囲は前述のように急勾配・急曲線区間用です．そこで、半径 800～600m の急曲線区間用に対応するために**図 3.16** に示す 2 種類の PC まくらぎが開発されました [3-14]．

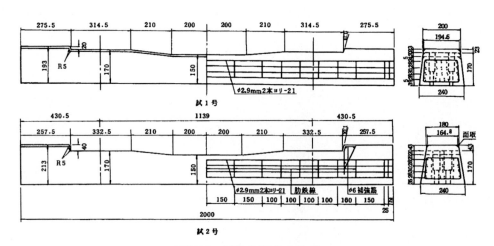

図 3.16　試作 5 号まくらぎ

　試 -1 号はタイプレートを 4 本のボルトで締結し、横圧に抵抗する考え方で、安全のため 2.0cm のショルダーを設けたものです．試 -2 号はタイプレートを 2 本のボルトで締結し、横圧には 4.0cm のショルダーを設け横圧に抵抗させる考え方のものです．ショルダーとはレール位置にレール締結装置の横方向移動を防止するためにまくらぎ上面に設けた突起です．

　山手線五反田～目黒間の電車線内回りと貨物線外回り線に試験敷設されました．試験敷設の結果、

　① 設計曲げモーメントと実測曲げモーメントとはかなり相違していたが、設計値は安全側であった．

　② 実測曲げモーメントは電車と機関車では相違があり、断面形状等は機関車荷重によって決定される．

　③ まくらぎとしては本体強度の外に締結装置、保守の難易、経済性、等々の総合判断が必要となる．

等々の知見が得られ、次の形式 6 号まくらぎに引き継がれたました．

　この結果、後に述べる仮定道床反力状態の考え方が検討されることとなりました．

　鉄道輸送が陸上での貨物輸送の主流であった時期に、貨車の入換および貨物列車の組成作業を行う操車場（ヤード）がありました．ヤードにはハンプヤード、平面ヤードおよび重力ヤードの 3 種類があり、わが国では平面ヤードが大半で、重力ヤードは 1 箇所もなく、ハンプヤードは 13 箇所ありました．このハンプヤードでリニアモーター方式貨車加減速装置が設置されたヤードがありました．このヤードで使用された PC まくらぎがリニアモーター区間用 8 号まくらぎです．**図 3.17** に 8 号まくらぎを示します [3-15]．

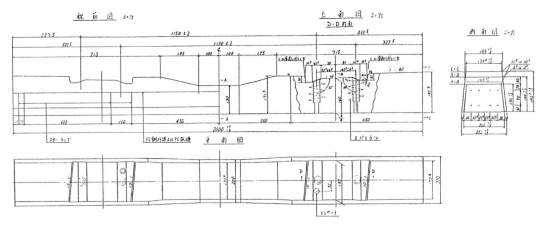

図 3.17　8 号まくらぎ

図 3.12 に特殊区間用、ケーブル防護用および継目用が表示されていますが、旧 JRS には統一形一般用、統一形ケーブル防護用および統一形継目用と称されていました．統一形とは 3 号、4 号、6 号および 1F の適用範囲に対応させ、軌道構造強化および製作管理上の問題から断面形状を統合して規格されたものです．対応レールは締結装置の交換で 37kg~60kg レールに対応でき、直線および半径≧ 300m の曲線区間とレール継目部、ケーグル防護用は信号ケーブル防護に対応するものです．しかし、端部断面が大きく、重量も大きくて急曲線・急こう配区間、あるいはロングレール区間には最適でしたが、単価が高く、重量が大きいため作業効率が低下したため、開発時の期待どおりには残念ながら普及しませんでした．私見ですが、閑散線区では初期投資は高額となるが現 JIS の特殊区間および継目用を採用し、保守間隔を拡大すれば少子高齢化社会の保守労働力不足に対応できるのではないかと考えます．

3.3　中下級線用 PC まくらぎ

近年中下級対応の PC まくらぎが JR 各社で開発されています．JIS7 号まくらぎに対応するものです．7 号まくらぎは速度等による増加率（衝撃係数）を 80%（3 号、6 号等は 100%）としてレール圧力を 7.2tf（3 号、6 号等は 8.0tf）、列車荷重作用時にコンクリートの引張力を 25kgf/cm^2（2.5N/mm^2）を許容するパーシャルプレストレスとし、使用本数も 26 本 /25m と間隔を拡大することを開発理念としていまです．コンクリートの引張力を許容するため、曲げひび割れが発生する可能性が考えられ、これに対する研究・開発を行ったものと考えられます．

3.3.1　JR 東日本

JR 東日本開発の例を**図 3.18** に示します[3-16]．開発の目標は、
① PC まくらぎの制作費は現行の 70% 程度
②ロングレール化が可能な道床横抵抗力（667kg/m 39 本 /25m）の確保
③耐用年数は木まくらぎと同等以上（25 年以上）
④レール位置高さが木まくらぎと同等以下（14cm 以下）
とし、大量生産が可能なプレテンション方式で製作することとし、曲げ保証試験、曲げ破壊試験およびショルダーの引抜き保証試験、引抜き破壊試験を実施して性能を確認後、小海線青沼～臼田駅間に延長 100m

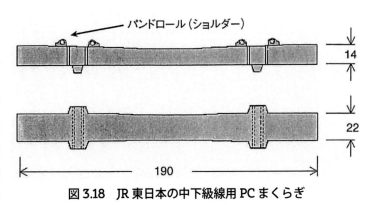

図 3.18　JR 東日本の中下級線用 PC まくらぎ

試験敷設され、性能確認を行ったと報告されています．JR 東日本では更に「理想的なまくらぎ（Ideal-MAKURAGI）」の開発を行ってます．敷設後 30~50 年程度経過した PC まくらぎの劣化調査を行った結果、曲げ強度、PC 鋼材のプレストレス量・腐食状況はほぼ健全な状態であったが埋込栓の強度不足がまくらぎ不良の主原因であることが判明したようです．この調査結果を検討し、継目用 PC まくらぎ以外の PC まくらぎの設計には輪重、分散率等過剰な評価をしているとの判断に達し、現行のものより薄型の PC まくらぎを設計することが可能であるとして、**図 3.19**(1)に示す PC まくらぎを提案しています[3-17]．

薄型まくらぎにすると、

①現行まくらぎから交換する際の線路扛上作業の軽減

②構造的制限のある位置での路盤低下などの改良なしに道床厚の確保が可能

③道床固結が発生しているような位置でも薄型になり生じた差分にバラストを挿入することにより、道床内の排水改善（**図 3.19**(2)参照）が期待できる

としています．

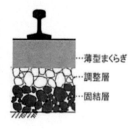

(1) 薄型まくらぎのイメージ　　　　　(2) 効果

図 3.19　薄型まくらぎ

3.3.2　JR 東海

JR 東海では、中下級線における急曲線での張出し防止や軌間拡大防止等の安全性強化を図るとともにライフサイクルコスト低減を目的として、

① 安価な PC まくらぎであること．

② 軽い PC まくらぎであること．

③ 従来 PC まくらぎと同程度の道床横抵抗力を有すること．

④ 敷設後道床横抵抗力の増強が容易に行えること．

を開発目標として検討が行われました．その結果、**図 3.20** に示す PC まくらぎが開発されました．材料費は約 6%、重量は 10% 程度の軽量化、道床横抵抗力は同等であることが確認されました．また、敷設後の横抵抗力増強方法は**図 3.21** に示すように貫通縦孔にアンカー筋を挿入することで確保できることが確認され、アンカー筋を挿入することにより道床横抵抗力は 1.7~1.9 倍となることが確認されています[3-18]．

道床横抵抗力確保に対する工夫は**図 3.18** に示したまくらぎ側面や底面に突起を設けるのではなく、まくらぎ端面高さを拡大するすることは製作行程上も容易であり、的確な工夫と判断されます．敷設後のアンカー筋挿入は、**図 3.21** を見るとアンカー筋が突出しているため軌間内を歩行中につまずく可能性が考えられ、老婆心ながら突出部分を切断する必要はないでしょうか．

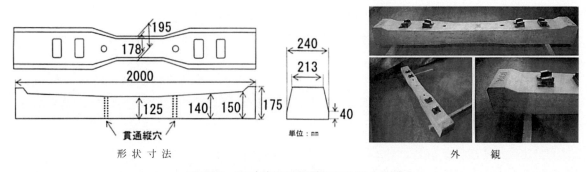

形 状 寸 法　　　　　　　　　　　　　　　　　　　　　　外　観

図 3.20　JR 東海の下級線用 PC まくらぎ

図 3.21　敷設後の横抵抗力増強方法（アンカー筋）

3.3.3　JR 西日本

JR 西日本では 7 号まくらぎの設計思想を基本に低廉化を目指して、

① 埋込栓、受栓の合成樹脂製品を排除して価格低減を図る.

② 埋込栓の代替にフラットバーに T ボルトを引っ掛ける構造とする.

③ 板ばねの代替に抑え金具を使用し、ロックナットワッシャーで緩み止めの機能をもたせる構造とする.

④ 絶縁は、レール押え金具のレール側に絶縁材を嵌め込む簡便な工法で確保する.

図 3.22 に示す下級線用 PC まくらぎが開発されました [3-19]．コンクリート量を低減させるためレール位置断面高さを 150.0mm とし、静的曲げ試験、埋込材引抜き試験を行って性能を確認後、関西本線笠置〜加茂駅間 185m 間に試験敷設されました．25 年経過後（2014 年時点）、材料の損傷状態および軌道狂いの検証を行った結果、軌間狂いおよび高低狂いの軌道狂い進みはほとんどなく、外見上の損傷もなく良好な状態であったと報告されています.

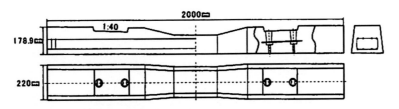

図 3.22　JR 西日本の下級線用 PC まくらぎ

その後 JR 西日本においても**図 3.23** に示す PC まくらぎ側面に突起を設ける方式で線ばね締結装置を使用する PC まくらぎが開発されました [3-20]．

図 3.23　JR 西日本の突起式 PC まくらぎ

3.3.4　JR 九州

JR 九州では中下級線における木まくらぎから PC まくらぎへの交換によりまくらぎの長寿命化を図るとともに交換周期の延伸、安全性向上および省資源化を目標に TPC まくらぎが開発されました [3-21]．

開発目標は

① コストを抑えるためまくらぎの長さ、断面を小さくする.

② 交換後の道床厚不足を回避するため、まくらぎ厚さを 140mm とする.

③ 道床横抵抗力低下を防止するため、側面に突起を設ける構造とする.

④ 保守低減のため、締結装置には線ばね方式を採用する.

とし、**図 3.24** に示す TPC まくらぎが開発されました.

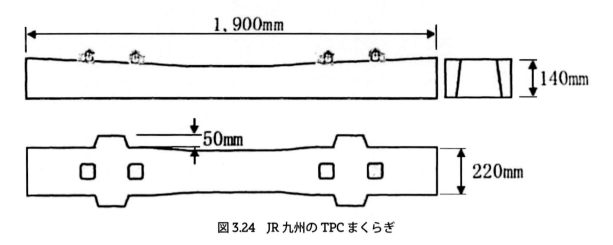

図 3.24　JR 九州の TPC まくらぎ

3.4　特殊な形状の PC まくらぎ

　形状の特殊な PC まくらぎについて説明します.

　オランダ鉄道の Zig-Zag 軌道です. RC まくらぎですが
ツーブロックまくらぎを発展させたもので、ブロックをジ
グザグ状に配置し繋材で連結した軌道で、**図 3.25** に示し
ます [3-22].

　ベルギー鉄道の 2 ヒンジ式 Franki-Bagon 式複合まく
らぎで、**図 3.26** に示します. 断面中央には φ15mm の PC

図 3.25　Zig-Zag 軌道

鋼棒が配置され、15tf（147.1kN）の力で緊張されています. 後には φ5mm PC 鋼線 8 本を緊張し、定着具で定
着する方式に変更されました [3-23].

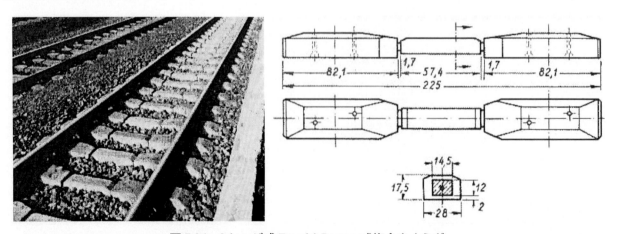

図 3.26　2 ヒンジ式 Franki-Bagon 式複合まくらぎ

　わが国では PC まくらぎのレール位置下のバラストが外側に移動し、中央部支持状態となってまくらぎ中
央部に曲げひび割れが発生する損傷が発生したため、まくらぎ中央部にヒンジを設けた**図 3.27** に示す PC
まくらぎが開発されました [3-24]. 425t 台車の走行でも問題が無かったと報告されています.

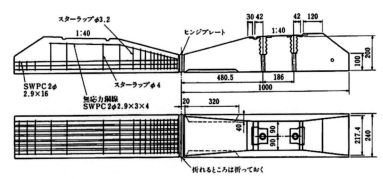

図 3.27　プレヒンジド・プレテンションまくらぎ

オーストリア連邦鉄道ではウイーン近郊に**図 3.28** に示すフレームまくらぎが 130m 敷設されました．隣接の通常軌道と比較して軌道沈下速度が遅く 3 年近く経過した時点でも良好であったと報告されています[3-25]．

図 3.28　フレームまくらぎ軌道

JR 東海でもまくらぎの基本性能向上と交換時の施工性向上を図るため、超高強度繊維補強コンクリートを使用した枠型まくらぎが開発され、**図 3.29** に示す形状です[3-26]．超高強度繊維補強コンクリート使用の枠型まくらぎは、強度確認試験およびシミューレーション解析の結果、

①交換用まくらぎとして必要な軽量化が可能で、4T まくらぎの質量（2 本分）の約 70% の 370kg となったが、まだ軽量化が可能．

②道床横抵抗力は理論上 4T まくらぎの 1.5 倍となる．

③強度確認試験結果は、4T まくらぎの 1.88~3.29 倍の強度を有している．

④枠型まくらぎのねじり試験でのひび割れ荷重は 60kg であったが、7 個連続させた解析では設計輪重（120kN）の 5 倍までの性能を有することが確認されたようです．試験敷設し、性能確認および保守作業の検証が望まれます．

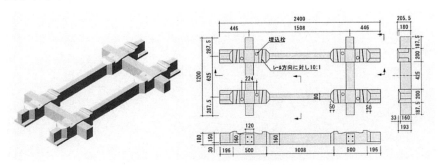

図 3.29　枠型まくらぎの鳥瞰と形状寸法

秋田新幹線の一部区間では**図 3.30** に示す 3 線用 PC まくらぎが、北海道新幹線の青函トンネルの一部区

間では**図 3.31** に示す 4 線用 PC まくらぎが使用されています.

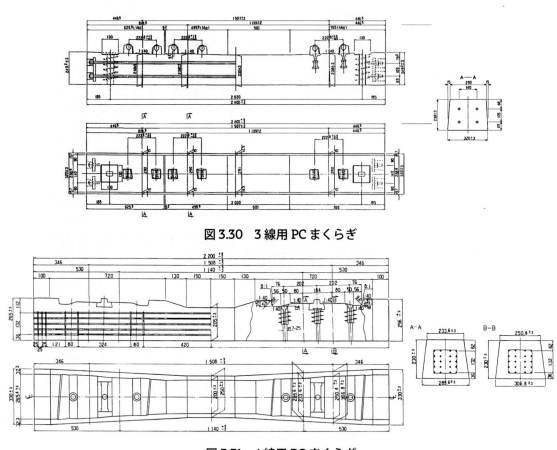

図 3.30　3 線用 PC まくらぎ

図 3.31　4 線用 PC まくらぎ

　横抵抗力を増大化するために、まくらぎの側面と下面に凸起を設け、横抵抗力を強化していますが、筆者とまくらぎメーカーで**図 3.32** に示す横抵抗力増大化まくらぎを開発・試作し、特許を申請しました．が、認可されず日の目を見ることはできませんでした．残念です.

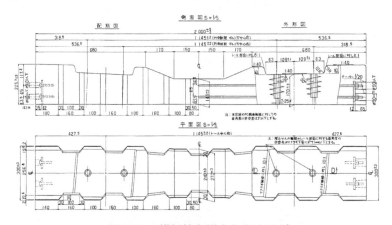

図 3.32　横抵抗力増大化まくらぎ

　橋まくらぎ用 PC まくらぎの紹介です．鉄桁橋に通常の PC まくらぎを使用するとまくらぎの重量が大きいため、死荷重の付加物の荷重が増加し、橋梁の耐荷力を超過する状態が生じます．これを避けるため、**図 3.33** に示す軽量コンクリート製橋 PC まくらぎが開発されました．仙山線第一紅葉川橋梁での敷設状況を**図 3.34** に示します．なお、死荷重とは構造物の自重、まくらぎ、レール等の付加物の重量など構造物に常時作用する荷重です．軽量骨材とはコンクリートの重量を軽減するため使用する軽い骨材です．軽量骨材には

人工軽量骨材、天然軽量骨材および副産軽量骨材があります．

図 3.33 軽量橋 PC まくらぎ

図 3.34 第一紅葉川橋梁敷設状況

3.5 PC まくらぎの累計生産量

昭和 26 年度から現在までの統計量が分かる国鉄時代と JR 各社に移行後の PC まくらぎの年度別納入量と、その累計を**図 3.35** に示します[3-27]．昭和 37~38 年は東海道新幹線建設に伴う特需です．昭和 40 年からの 3 年間は在来線の第一次軌道強化、昭和 47 年前後は在来線の第二次軌道強化による需要量増加によるもので、これにより在来線の主要幹線は PC まくらぎに交換されました．

最近の 5 年間は約 50 万本の製作量となっています．JR 各社における 3 級線および 4 級線に対する PC まくらぎ化による需要量と主要幹線の損傷等による交換と思われます．

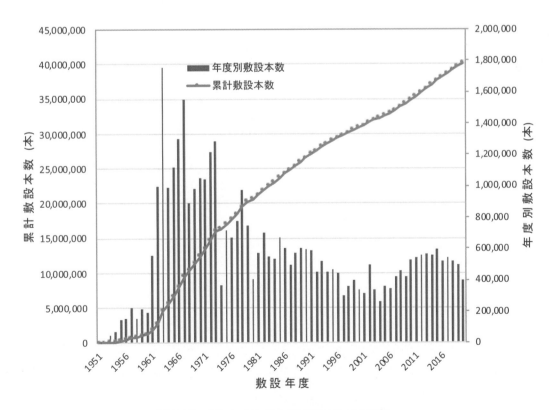

図 3.35 PC まくらぎの年度別納入量と累計

4. PCまくらぎの設計

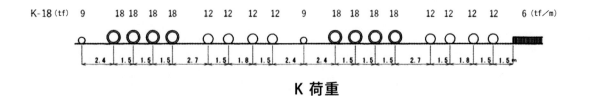

K 荷重

4. PC まくらぎの設計

　従来の許容応力度法による設計方法について以下に示します．PC まくらぎの機能としては、**図2.1** に前述したように荷重分散機能、軌間保持機能、横抵抗機能および縦抵抗機能を兼ね備えることが要求されます．

　荷重分散機能はまくらぎの長さおよび底面積、そしてまくらぎの配置間隔の影響を受けます．列車荷重の分散材料には一般にバラスト道床が使用されます．

　バラスト道床軌道については**図4.1** に示すように、列車荷重の繰返しによる道床バラストのかみ合いの崩れ、すなわち、道床バラストの空隙の減少による安定化のための初期沈下、列車荷重と列車通過に伴う振動による道床バラストの側方への流動、道床バラストの摩耗と破砕、あるいは路盤への貫入により軌道が沈下する軌道破壊が発生し、これに対して復元を行うため道床バラストの突固めと言われる保守作業等が行われています．バラスト道床軌道の保線作業としては、通り直し、むら直し、遊間整正、締結装置の管理等があり、保線作業のうち約 60% はこのバラスト道床の復元作業に費やされています．このような軌道の沈下の復元作業は、危険、きつい、汚いと作業環境が厳しく、特に道床バラストの劣化の激しい長大トンネルにおいて大きな問題となります．なお、通り直し、むら直し、遊間整正については用語の説明を参照ください．

　PC まくらぎの設計は、列車荷重の繰返しによる道床バラストの支持状態の変化に対して行われます．以下に、PC まくらぎの設計について説明します．

　現在は性能照査型設計法に移行し、列車走向に伴う静的荷重（列車荷重）と動的・衝撃的作用を加味した設計応答を動的解析法により算定することが基本となっています．車両と軌道の動的相互作用を解析するコンピュータツールが開発されています．この解析ツールはすべての事業者が使用できるわけではなく、従来の許容応力度法で使用されていた道床の支持状態を考慮して求めた設計値に係数を考慮して求めてよいことになってます．

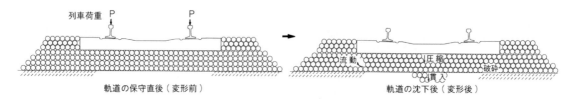

図 4.1　バラスト道床軌道の沈下の模式図

4.1　PC まくらぎの形状・寸法

4.1.1　PC まくらぎの長さと底面幅

　まくらぎの長さは、列車荷重の作用により発生する応力（以下、曲げモーメントという）に影響を与えます．列車荷重が一定ならば**図4.2** に示すように、PC まくらぎの長さが短いと PC まくらぎの中央部に大きな曲げモーメントが発生し、長くなるとレール位置に大きな曲げモーメントが発生します．設計上は、中央部とレール位置の曲げモーメントがほぼ等しくなるよう長さを決定するのが経済上有利となります．用地幅から生じる制限、PC まくらぎの製作方法の 1 つであるプレテンション方式の場合は PC 鋼より線の定着に必要な長さを考慮する必要があります．しかしながら、列車荷重による中央部とレール位置の曲

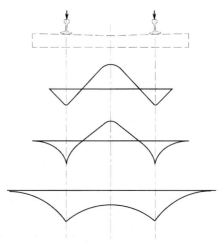

図 4.2　まくらぎ長さと曲げモーメント

げモーメントを等しくするのは、バラスト道床の支持状態が均一ではないため、理論的に決めることは困難です.

　在来線のPCまくらぎ長さは、ヨーロッパ諸国に例がないため、木まくらぎの長さを参考に2.0mとしました. 因みに一般的な使用の木まくらぎは2.1mです. 新幹線用PCまくらぎは標準軌のためヨーロッパ諸国の長さ2.2~2.6mを例に2.4mとしています. 新幹線用の場合は軌間が広いため、ヨーロッパ諸国の例をもとにPCまくらぎ中央部の道床よりの反力をなくすような道床構造（以下、中空かしという）として曲げモーメントの均衡化を図る工夫を行っています. 東海道新幹線での中空かしの寸法を**図4.3**に、中透かし状態を**図4.4**に示します[4.1].

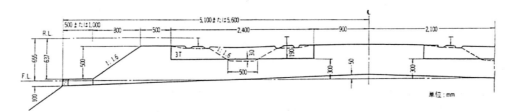

図4.3　東海道新幹線に採用されて中空かしの寸法

図4.4　中空かし状態の写真

　レールからの列車荷重をできるだけ広くバラスト道床に分布させるためには、底面幅は広い方が広く分布でき、バラスト道床の負担を軽減できるため底面幅はなるべく広くした方が有利です. しかし、道床突固め作業を容易にするため、また、レール方向の水平荷重に対する抵抗力を大きくするためにはPCまくらぎの間隔を大きくする必要があり、一方間隔が同じなら底面幅は狭くする検討が必要になります. PCまくらぎの配置間隔は線路の重要度、輸送量、列車の速度、レールの大きさなどによってだいたいの間隔が決められ、矛盾する2つの要因を満足させる必要があります.

　PCまくらぎ開発当時はバラスト道床の突固めはビーター（用語の説明参照）で行われていたので、締固め効果の点からも底面幅を大きくすることは得策とはならないと考えられました. これらの検討の結果、在来線の場合は20~25cm程度、新幹線の場合は25~30cm程度の範囲となりました.

　なお、現在ではバラスト道床の突固めはマルチプルタイタンパ（用語の説明参照）が使用され、機械化されています.

　PCまくらぎの長さと底面幅を変化さて、レール位置および中央断面の計算曲げモーメントの変化を新幹線用3Tまくらぎで試算した結果を**図4.5**に示します. 試算の結果、つぎのような知見が得られました.

　① PCまくらぎの長さを長くするとレール下の曲げモーメントは増加し、中央断面上縁の曲げモーメントは減少する.

　② 中央断面の底面幅を変化させた場合、底面幅を増加させるとレール下の曲げモーメントは僅かながら減少し、中央断面では比較的大きく増加する.

③ 底面幅を一定とし長さを変化させた時の曲げモーメントの変化は、中央断面の変化が大きくなる.

この結果より、

① 中央断面の底面幅を大きくすると、PC 鋼材の配置が容易となる.

② 底面幅を一定とすることは型わく加工が容易となり、型わくの単価の低減が図れる.

③ 敷設後の損傷状況を考慮すると、レール下の損傷状況が直接観察できないので、レール下の曲げモーメントを小さくする方向、すなわち全長を短くするのが有利と考えられる. ただし、後で述べるようにプレテンション方式の場合は PC 鋼より線の定着長を検討する必要がある.

図中、M_r はレール位置下縁の算出曲げモーメント、M_c はまくらぎ中央部上縁の算出曲げモーメントを、B_r はレール位置の下縁幅、B_c はまくらぎ中央部の上縁幅を、L はまくらぎ長さを表しています.

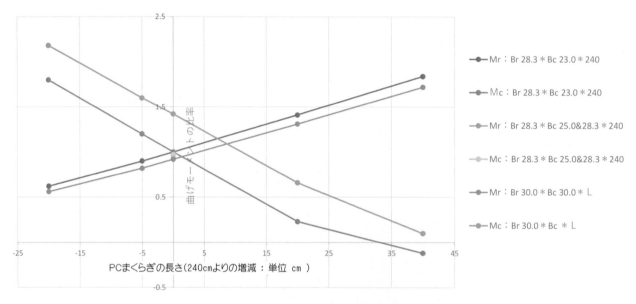

図 4.5　PC まくらぎの長さおよび底面幅と曲げモーメントの関係

4.1.2　PC まくらぎ高さ

PC まくらぎの長さや底面幅がある範囲に制限されると、列車荷重による曲げモーメントに対抗するため高さを変化させて対処させます. PC まくらぎ高さを大きくすると断面二次モーメントが大きくなり、設計上有利となります. また、レール方向およびレール直角方向の水平荷重に対する抵抗力が増加し、PC まくらぎ重量の増加により安定性が増加します. しかしながら、レール位置の高さ、すなわち、レールレベルが決められているので、PC まくらぎ高さを大きくすると PC まくらぎ下のバラスト道床の厚さが小さくなり、線路の重要度等により規格化されているバラスト道床厚が不足することになります. よって、レール位置断面高さは在来線では 14~17cm 程度、新幹線では 19~22cm 程度が採用されています.

4.2　道床反力の仮定

列車荷重により PC まくらぎに発生する曲げモーメントは、バラスト道床の支持状態が一様である弾性床と仮定するならば、弾性床上の梁として式(1)の微分方程式が成り立ちます.

$$E I \frac{d^4 y}{d^4 x} = - ky \quad \cdots \cdots (1)$$

ここに、E：PC まくらぎの弾性係数

$\quad\quad\quad I$：PC まくらぎの断面二次モーメント

$\quad\quad\quad y$：沈下量

$\quad\quad\quad k$：道床反力係数

　この微分方程式を解いて荷重を与えれば道床反力の分布状態が計算され、これから PC まくらぎ各部の曲げモーメントが求められます．しかし、道床反力は保守状態から判断して PC まくらぎの長さ全般にわたって一様であるとは考えられず、PC まくらぎを完全な弾性床上の梁と仮定するには無理があると判断されます．また、列車荷重は同一であっても、レール方向に各 PC まくらぎに発生する道床反力は等値とはなりません．そして、同じ PC まくらぎでもまくらぎ長さ方向にも等しい支持状態とも考えられず、まくらぎ断面も長さ方向に一様とは考えられません．したがって、弾性床上の梁として式(1)を使用して理論的に曲げモーメントを算出することは困難となります．

　技術的に先行していたドイツ、イギリスその他の西欧諸国でもこの方程式解から道床反力を算出することはなく、表 4.1 に示すような想定可能な道床反力の状態を仮定し、発生する曲げモーメントを求めています[4-2]．

表 4.1　道床反力分布の仮定

仮定道床反力状態	曲げモーメント (kgf・cm)		記　　　事
	レール下	中央部	
1	40,000	0	道床突き固め直後の理想的な状態
2	37,800	-97,000	まくらぎ中央部下面の道床が他の部分より道床固結が発生している状態
3	47,300	-46,200	ほぼ一様な弾性支床上のはりと考えられる道床反力状態
4	55,700	-52,000	まくらぎ剛性が非常に大きく、道床反力がほぼ一様な状態
5	85,500	46,200	レール位置からまくらぎ端部までの部分が固結し、中央部がわずかに道床に接している状態
6	74,600	28,000	まくらぎ剛性が非常に大きく、道床反力がほぼ一様な状態であるが、中央部のある区間(40cm)道床がかき出された状態

　PC まくらぎの設計において各部分の最悪の状態を採用するのが安全側となるのは当然と考えられます．中央断面では仮定道床反力状態 2 が最悪な状態と想定されます．線路保守の面から考えるとこのようにま

表 4.2　旧国鉄の道床反力図

	道 床 反 力 状 態	記　　　事
A	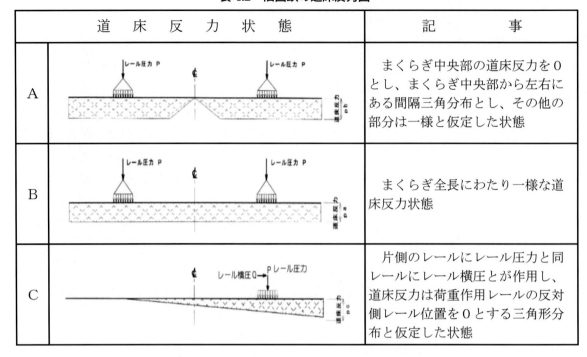	まくらぎ中央部の道床反力を0とし、まくらぎ中央部から左右にある間隔三角分布とし、その他の部分は一様と仮定した状態
B		まくらぎ全長にわたり一様な道床反力状態
C		片側のレールにレール圧力と同レールにレール横圧とが作用し、道床反力は荷重作用レールの反対側レール位置を0とする三角形分布と仮定した状態

表 4.3　東海道新幹線用 PC まくらぎの道床反力図

	道 床 反 力 状 態	記　　　事
A	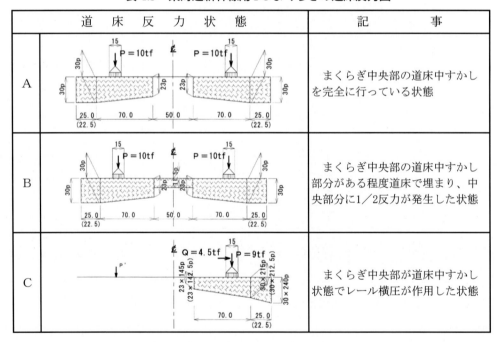	まくらぎ中央部の道床中すかしを完全に行っている状態
B		まくらぎ中央部の道床中すかし部分がある程度道床で埋まり、中央部分に1／2反力が発生した状態
C		まくらぎ中央部が道床中すかし状態でレール横圧が作用した状態

くらぎ中央部下面の道床が固結する状態は極めて希な状態と考えられるため除外し、中央断面の仮定道床反力は状態 4 を、レール位置断面の仮定道床反力は状態 5 を採用して PC まくらぎの設計は行われています．この考え方は鉄研式（日軌形タイプレート式）から国鉄 3 号まくらぎまでの 27 種類のまくらぎに採用されました．その後、まくらぎの室内試験および現地敷設試験の結果などから、**表 4.2** に示す道床反力分布に変更され、JRS 6号まくらぎから採用されました[4-3]．図中、荷重 A は道床突固め保守直後の状態を想定し、荷重 B は道床突固め後時間が経過してまくらぎ全長にわたり道床反力が発生した状態を、荷重 C は曲線部における反力状態を仮定したもので、外軌側のレールにレール圧力とレール横圧が作用した状態を想定しています．レール横圧には常時横圧と偶発時横圧を考慮することとなっています．

表 4.4　高速走行新幹線用 PC まくらぎの道床反力図

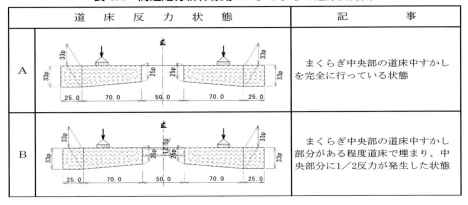

道　床　反　力　状　態	記　　　　事
A	まくらぎ中央部の道床中すかしを完全に行っている状態
B	まくらぎ中央部の道床中すかし部分がある程度道床で埋まり、中央部分に1／2反力が発生した状態

　東海道新幹線用 PC まくらぎの設計には、**表 4.3** に示す道床反力状態を仮定しています [4-4]．道床反力状態の考え方は 6 号まくらぎと同様な考え方ですが、新幹線は標準軌であるためにまくらぎ長さを長くする

ことが可能で、この利点を活かしてまくらぎ中央部の道床をある長さ道床反力が生じないよう中空かしにすることを前提に経済的断面を得られるように考慮され、道床反力の算出にまくらぎの底面積を反映させる考え方を採用しています．軌間中央部に道床反力が発生しないよう中空かしという部分を設けた荷重 A を想定し、荷重 B は道床突固め後時間が経過して中空かし部分に 1/2 の道床反力が発生した状態を、荷重 C は曲線部において中空かし状態でレール横圧が作用した状態を想定して経済的断面が得られるよう考慮されました．その後新幹線用 3T および 4T の精査の結果中空かし状態を省略しても強度上問題ないことが確認さて、保守上簡略化が図られました．また、製作方法にプレテンション方式とポストテンシ方式の 2 方式があり、ポストテンション方式はプレストレス力の定着性が確実となるためまくらぎ長さを短くすることが可能となり 50mm 短縮させ、経済化を図っています．ポストテンション方式では数値を（）内に記し、数値が 2 種類となっています．

　その後新幹線の速度向上が図られ、これに伴い著大な荷重（著大輪重 30tf）が発生する現象が軌道検測車および地上現地測定で観測されました．この対策として著大輪重対応の型式 3H および 4H の PC まくらぎが開発されました．この設計に採用された道床反力状態を**表 4.4** に示します [4-5]．国鉄用 PC まくらぎの設計用道床反力状態の変遷です．

　民営鉄道（以下、民鉄という）用 PC まくらぎの設計に使用の道床反力状態は、関西鉄道協会が東海道新幹線用の道床反力状態を参考にしたと推定される道床反力状態が公表されており、**表 4.5** に示します [4-6]．

　以上は、許容応力度方法で PC まくらぎを設計する場合の荷重の考え方です．

表 4.5　関西鉄道協会における道床反力図

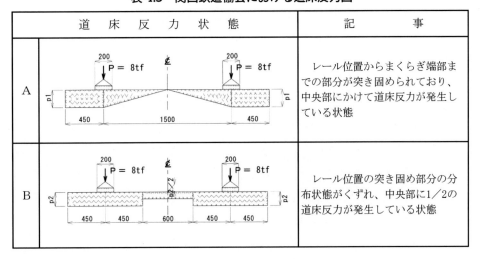

道　床　反　力　状　態	記　　　　事
A	レール位置からまくらぎ端部までの部分が突き固められており、中央部にかけて道床反力が発生している状態
B	レール位置の突き固め部分の分布状態がくずれ、中央部に1／2の道床反力が発生している状態

現在のPCまくらぎの設計は、性能評価方法で行われています．**図4.6**に示す荷重を**図4.7**(a)に示す約30m区間で**図4.7**(b)に示す一様支持の状態で、荷重列を設計速度で移動させた場合の応答を有限要素法解析により算定して求めます．解析結果のPCまくらぎに発生するメントの時刻歴波形を**図4.8**に示します[4-7]．解析に用いられる有限要素法の解析プログラムは鉄道総合技術研究所の所有で、一般には開放されていません．

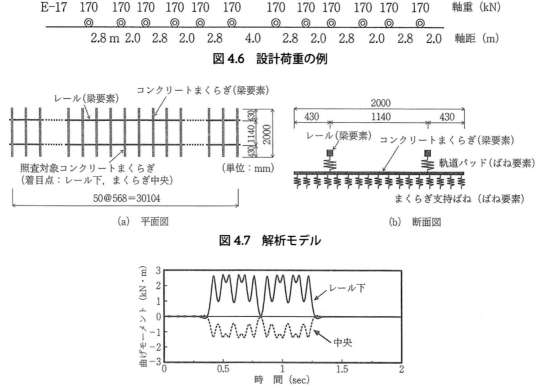

E-17　170　170 170　170 170　170　　170　170 170　170 170 170　軸重（kN）

2.8 m 2.0　2.8　2.0　2.8　　4.0　　2.8　2.0　2.8　2.0　2.8　2.0　軸距（m）

図4.6　設計荷重の例

(a) 平面図　　　　　　　　　　　(b) 断面図

図4.7　解析モデル

図4.8　PCまくらぎに発生する曲げモーメントの時刻歴波形

4.3　設計荷重

　許容応力度方法による考え方です．PCまくらぎの設計荷重は、レール圧力とレール横圧があります．レール圧力はレールに作用する鉛直方向の荷重で、レール横圧は曲線区間で作用する遠心力や、車両が蛇行走行した時に作用するレールに対し水平方向に作用する荷重です．**表4.1~ 4.5**のPあるいはQに対応するものです．

　レール圧力は式(2)で、レール横圧は式(3)で算出されます．

　　P（レール圧力）=1/2 ×軸重×分散係数×（1+ 割増係数）　・・・(2)

　　Q（レール横圧）=1/2 ×横圧×分散係数×（1+ 割増係数）　・・・(3)

　式(2)における軸重は鉄道構造物の設計の際用いられる荷重で、PCまくらぎが研究・開発されたときは在来線のみの時代でありKS荷重が採用されました．その後東海道新幹線の建設によりNP荷重が採用されました．KS荷重のうちK荷重の体系を**図4.9**に、NP荷重のうちP荷重を**図4.10**に示します[4-8]、[4-9]．K荷重には9種類の等級があり、線路の等級により用いられる荷重は異なります．PCまくらぎの場合各線路等級用に設計・製作するのは種類が多岐にわたり、量産による経済効果、種類別に蓄積する煩雑さ等を考慮するとPCまくらぎの種別は可能な限り少なくするのが最良と考えられます．設計荷重体系については日本国有鉄道建設規程に設計標準活荷重（KS荷重）が昭和4年に制定され、軌道に対する影響を検討する場合は**表4.6**に示すように甲線ではK-16が、乙線ではK-15が、丙線ではK-13がと規定されています．この規定により軸重としては16tが採用さたようです[4-10]．

　横圧については経験的に常時発生する作用に対しては、軌道の曲線半径（R）R ≧ 800m および直線区間に 3.0tf が、R<800m では 4.5tf が採用されています．偶発的に発生する偶発時横圧は常時横圧の 2 倍を考慮することとなっています．

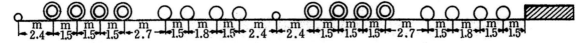

記号	荷　　重　　（単　位　t）																		t/m
K—10	5	10	10	10	10	6.6	6.6	6.6	6.6	5	10	10	10	10	6.6	6.6	6.6	6.6	3.3
K—11	5.5	11	11	11	11	7.3	7.3	7.3	7.3	5.5	11	11	11	11	7.3	7.3	7.3	7.3	3.6
K—12	6	12	12	12	12	8	8	8	8	6	12	12	12	12	8	8	8	8	4
K—13	6.5	13	13	13	13	8.6	8.6	8.6	8.6	6.5	13	13	13	13	8.6	8.6	8.6	8.6	4.3
K—14	7	14	14	14	14	9.3	9.3	9.3	9.3	7	14	14	14	14	9.3	9.3	9.3	9.3	4.6
K—15	7.5	15	15	15	15	10	10	10	10	7.5	15	15	15	15	10	10	10	10	5
K—16	8	16	16	16	16	10.6	10.6	10.6	10.6	8	16	16	16	16	10.6	10.6	10.6	10.6	5.3
K—17	8.5	17	17	17	17	11.3	11.3	11.3	11.3	8.5	17	17	17	17	11.3	11.3	11.3	11.3	5.6
K—18	9	18	18	18	18	12	12	12	12	9	18	18	18	18	12	12	12	12	6

図 4.9　K 荷重

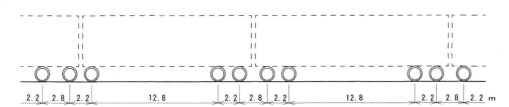

図 4.10　P 荷重

表 4.6　日本国有鉄道規程の設計標準活荷重

1. 線路等級	甲 乙 丙 電車専用線
2. 軌道の負担力	甲 K-16（特別ノ線路 K-18） 乙 K-15 丙 K-13
3. 橋梁の負担力	甲 KS-18 乙 KS-15 丙 KS-13 電車専用線 KS-12 [KS-15]
4.車両の重量 　（1）軌道に対する影響（機関車）	甲 K-16（線路の状況により K-18） 乙 K-15 [K-16] 丙 K-13 [K-15]
（2）橋梁に対する影響（機関車）	甲 K-16（線路の状況により K-18） 乙 K-15 [K-16] 丙 K-12 [K-15]
（3）軸重（機関車）	甲 16t（線路の状況により 18t） 乙 15t [16t] 丙 13t [15t]

［ ］は急勾配を含む運転区間および特に必要のある場合

4.3.1 レール圧力（P）

　レール圧力は線路の等級に係わらず軸重としてはK-16が使用され、式(2)で算出されます．式(2)において1/2は軸重から輪重に、分散係数はレールの剛性による荷重分散比率を表し、割増係数は衝撃等による荷重の増加分です．分散係数は在来線においては0.5を、新幹線用のT型式およびH型式では高速走行を考慮して0.6を採用しています．割増係数は中下級線用のみ0.8としています．これは中下級線区では車両の走行速度が低く、列車密度が小さい等の理由により低減されています．

　式(2)に軸重等を代入した結果を**表4.7**に示しました．なお、新幹線H型式では軸重と割増係数に数値が記入されていないのは、東海道新幹線の速度向上試験時に著大な輪重が測定され、この輪重よりレール圧力が算出されたためです．レール圧力から式(2)により軸重16t、分散係数0.6として試算すると割増係数は2.75となります．割増係数としては大きい値になると考えられます．

表4.7　主たるPCまくらぎの設計レール圧力

種　　別	軸　重	分散係数	割増係数	レール圧力	使　用　区　分
3号	16.0　tf	0.5	1.0	8.0　tf	直線およびR≧800mの曲線
4号	17.6	0.5	1.0	8.8	急曲線・急こう配競合区間
6号	16.0	0.5	1.0	8.0	240m≦R＜800mの急曲線
7号	16.0	0.5	0.8	7.2	中下級線
特区間用	16.0	0.5	1.0	8.0	200m≦R＜240mの急曲線
継目用	16.0	0.5	1.0	8.0	R≧200m区間の継目部
ケーブル防護用	16.0	0.5	1.0	8.0	R≧200m区間のケーブル横断部
新幹線　T	16.0	0.6	1.0	10.0	最高速度≦210km／hの区間
新幹線　H	－	0.6	－	18.0	最高速度＞210km／hの区間とこれの付帯区間

4.3.2 レール横圧（Q）

　分散係数を0.5、割増係数を1.0として横圧を式(3)に代入し、算出された結果を**表4.8**に示します．新幹線H型式ではレール横圧を考慮しない設計方法になっていますが、これはレール圧力で18tの著大輪重を考慮したため、レール横圧に新幹線方式の4.5tの著大レール横圧が作用しても発生応力は包含できると判断されたためと考えられます．

表4.8　主たるPCまくらぎの設計レール横圧

種　　別	横　　圧	分散係数	割増係数	常　時レール横圧	偶　発レール横圧	
3号	3.0　tf	0.5	1.0	1.5　tf	3.0　tf	直線およびR≧800mの曲線
4号	4.5	0.5	1.0	2.5	4.5	急曲線・急こう配競合区間
6号	4.5	0.5	1.0	2.25	4.5	240m≦R＜800mの急曲線
7号	3.0	0.5	1.0	1.5	3.0	中下級線
特区間用	4.5	0.5	1.0	2.5	4.5	200m≦R＜240mの急曲線
継目用	4.5	0.5	1.0	2.5	4.5	R≧200m区間の継目部
ケーブル防護用	4.5	0.5	1.0	2.5	4.5	R≧200m区間のケーブル横断部
新幹線　T	4.5	0.5	1.0	2.25	4.5	最高速度≦210km／hの区間
新幹線　H	－	－	－	－	－	最高速度＞210km／hの区間とこれの付帯区間

4.4　曲げモーメントの計算

　在来線の急曲線区間 240m ≦ R<800m で使用される 6 号まくらぎで**表 4.2** に示された道床反力状態をもとに曲げモーメントを算出すると**図 4.11** となり、このモーメント図には抵抗曲げモーメントも同時に示しました．なお、抵抗曲げモーメントにはコンクリートの曲げ引張力を認めないフルプレストレス状態（M_{RU}：まくらぎ上縁および M_{RL}：まくらぎ下縁）と 20kgf/cm^2 の曲げ引張力を許容するパーシャルプレストレス状態（M_{RU20}：まくらぎ上縁および M_{RL20}：まくらぎ下縁）とを併記しました．

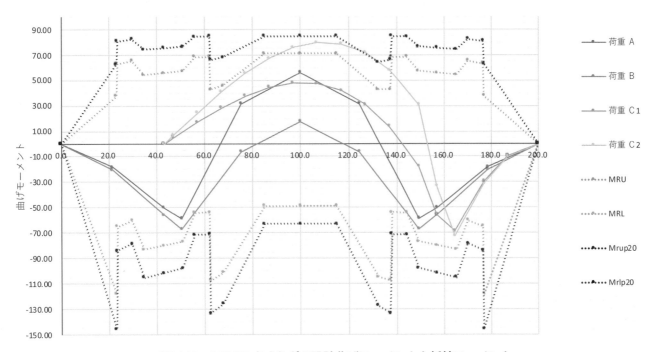

図 4.11　6 号 PC まくらぎの設計曲げモーメントと抵抗モーメント

　コンクリートにプレストレスを導入する方式には前述したようにプレテンション方式とポストテンション方式があります．プレストレスの導入方法については「5. PC まくらぎの製作」で説明いたします．

　モーメント図より 6 号 PC まくらぎの中央部上縁では荷重 A および荷重 B が作用した場合ではフルプレストレスを満足していますが、荷重 C$_2$ が作用した場合にはフルプレストレスを満足せず、20kgf/cm^2 の曲げ引張力を許容するパーシャルプレストレスの状態をぎりぎりで満足します．6 号 PC まくらぎが経済性を追求した結果と考えられます．

　主たる PC まくらぎの設計荷重とプレストレス状態を**表 4.9** に示します．表によると 6 号 PC まくらぎでは 20kgf/cm^2 の、7 号 PC まくらぎでは 25kgf/cm^2 のコンクリートの曲げ引張力を許容する型式です．

　なお、レール横圧によるレール下の曲げモーメントの算出には**図 4.12** を参考に、

　①レール下に発生する曲げモーメントは、レール下位置において応力の釣合条件によって道床反力による曲げモーメントとレール圧力およびレール横圧による曲げモーメントの差によって発生する．

　②レール下断面の道床反力による曲げモーメントは、レール下よりまくらぎ端面までの反力で算出する．

　③レール横圧による曲げモーメントは、発生する曲げモーメントの 1/2 となる．

　④レール圧力による曲げモーメントは、座面幅 1/2 による曲げモーメントとする．

　⑤レール下の計算曲げモーメントは、② ～ ④の差とする．

と算出方法が決められました．これは、6 号 PC まくらぎの設計にレール横圧による曲げモーメントが考慮されるようになったためです．まくらぎによる構造物キャリブレーションの結果からも問題がないことが確認されました．

表 4.9　主たる PC まくらぎの荷重とプレストレス状態

種　　別	レール圧力	常　時 レール横圧	偶　発 レール横圧	プレストレス 状　態	使　用　区　分
3 号	8.0　tf	1.5　tf	3.0　tf	full	直線およびR≧800mの曲線
4 号	8.8	2.5	4.5	full	急曲線・急こう配競合区間
6 号	8.0	2.25	4.5	partial-20	240m≦R＜800mの急曲線
7 号	7.2	1.5	3.0	partial-25	
特区間用	8.0	2.5	4.5	full	200m≦R＜240mの急曲線
継目用	8.0	2.5	4.5	full	R≧200m区間の継目部
ケーブル防護用	8.0	2.5	4.5	full	R≧200m区間のケーブル横断部
新幹線 T	10.0	2.25	4.5	full	最高速度≦210km／hの区間
新幹線 H	18.0	－	－	full	最高速度＞210km／hの区間とこれの付帯区間

注) 表中 full はフルプレストレスを、parcial(-··)はパーシャルプレストレスで、(parcial)-·· は許容引張力を表す.

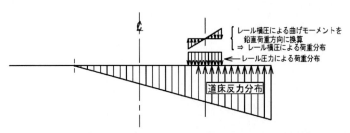

図 4.12 レール横圧によるレール下の曲げモーメントの算出の考え方

5. PCまくらぎの製造

5. PCまくらぎの製作

PCまくらぎの製作方法にはプレテンション方式とポストテンション方式の2方式があります．**図5.1**に製作方式を示します．

プレテンション方式にはロングライン方式とインディビデュアル方式に分類され、ロングライン方式は固定ベンチ方式と移動ベンチ方式にさらに分類されます．プレテンション方式は同種類大量生産に適した製作方式です．

ポストテンション方式には型わくの使用方法により、硬化後脱型方式、半即時脱型方式および即時脱型方式の3種類に分類されます．ポストテンション方式は多種類少量生産に適した製作方式です．

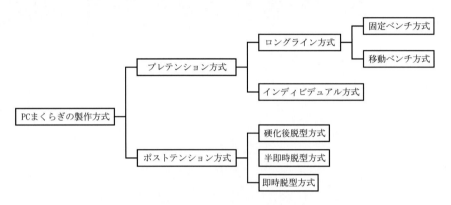

図5.1　PCまくらぎの製作方式

5.1　プレテンション方式

固定ベンチ方式は**図5.2**に示すように60~120m程度の区間で製作され、固定ベンチ間に型わくを設置し、PC鋼より線の伸線、PC鋼より線の緊張、コンクリートの打込み・養生、プレストレスの導入の工程で製作されます．その後型わくから取り出され、検査を受けて完成です．移動ベンチ方式は5~20m程度の型鋼枠型を組立て作成した反力装置内に型わくを設置し、伸線、緊張、コンクリートの打込み・養生、プレストレス導入と工程が進行します．この枠型には脚輪が設置されているので移動が可能となり、移動ベンチと言われます．**図5.3**に製作工程の時間的流れを示します[5-1]．作業の開始は**図5.3**の「1.強度確認」から開始され、**図5.2**の順序で作業が進行して製作されます．コンクリートの打込みが終了すると、コンクリー

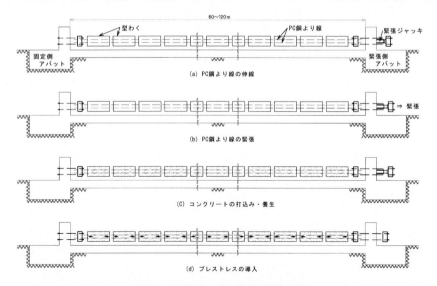

図5.2　固定ベンチ方法の製作工程

極東興和株式会社 提供

図5.3　プレテンション方式まくらぎ製作工程の時間的流れ

トの強度発現のため養生と言う工程が行われます．通常普通セメントを配合したコンクリートの強度が設計上考慮されている基準強度が確保できるには約28日必要です．これを短縮するため早強セメントを使用します．しかし、早強セメントを使用しても基準強度を満足するには約7日必要となります．そこで蒸気養生という方法を採用します．まくらぎ用型わくを**図5.3**「10.養生」部分に見られるようにシートで覆い、シート内に蒸気を通すことにより加温・保温することで強度発現を促進させて、1日製作工程を確保してます．コンクリートのプレストレス導入時強度を確認後、ジャッキを解放してプレストレスが導入されます．ロングライン方式は同型式のPCまくらぎを100~200本/日/ベンチと大量生産に適した方式です．

　移動ベンチの製作工程はロングベンチ方式と同様です．相違点はベンチ長が5~20m程度と短いため4~20本/日/ベンチと少量となります．しかし、継目用あるいはケーブル防護用PCまくらぎのようにレール延長当たりの使用量の少ないPCまくらぎの製作には適した方法です．

　インディビデュアル方式はまくらぎの型わく自体をプレストレスの反力を負担する強固な構造とした型わくを使用して製作する方法で、移動ベンチ方式をさらに小型化した装置で製作し、工程的には前記の2方法と同様です．

　プレテンション方式ではコンクリートにプレストレスを付与するには、PC鋼より線とコンクリートとの付着力により行われます．付着力の機能を模式化したものを**図5.4**に示します．PC鋼より線を緊張することにより、PC鋼より線は多少細くなった状態でコンクリートが打込まれ、硬化します．コンクリートに強度が発現した状態でPC鋼より線の緊張力が解放されるとPC鋼より線の径はもとへ戻ろうとして楔的な働きをし、加えてPC鋼より線とコンクリートとの付着力によって滑込もうとするのを防止してプレストレスが導入されます．

　PCまくらぎの研究・開発の初期はPC鋼より線の表面は凹凸のない状態のPC鋼2本より線が使用されていました．この鋼線では機械的なコンクリートとの咬み合いのない状態で付着力を十分に確保することが困難でした．そこでPC鋼より線の表面に人工的に錆を発生させ、PC鋼より線表面に微細な凹みを設けて

機械的なコンクリートとの咬み合いを確保するよう工夫されました．しかし、錆を発生させることは、錆の発生限度の品質管理が困難であり、錆によるPC鋼より線の凹みにはばらつきが発生し、PC鋼より線の緊張時に破断する事故が発生したり、PC鋼より線の疲労強度に問題が発生することが判明し、改善が検討されました．PC鋼線の表面に竹節のような突起を設けた異形鋼線も使用されましたが、種々検討の結果、現時点では**表5.1**に示すような凹み（以下、インデントという）を設けることにより改善されました．現行のPC鋼より線の機械的性質を**表5.1**に示します．

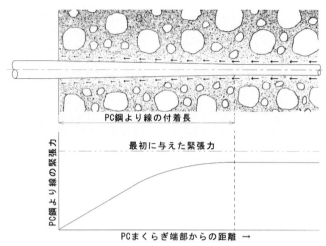

図5.4 PC鋼より線の付着の模式図

表5.1 PC鋼より線 -2.9mm 3本 - の機械的性質とインデントの形状および寸法

PC鋼より線の種類	呼び名	標準形	公称断面積	機 械 的 性 質				インデントの形状			
				引 張 試 験			レラクセーション試験	くぼみの深さ (d)	間 隔 (P)	線方向径 (D₁)	線円周方向径 (D₂)
				引張強度	0.2%永久伸びに対する荷重	伸び	レラクセーション値				
		mm	mm2	kN 以上	kN 以上	% 以上	% 以下	mm	mm	mm	mm
異形3本より線	2.9mm3本より線	2.9	19.82	38.3	33.8	3.5	3.0	0.13	5	3.5 以下	1.5 以上

PC鋼より線の引張力が、コンクリートの圧縮力として100%作用するわけではありません．その原因としては、

①PC鋼より線に引張応力を与えて一定の長さに保っておくと、時間の経過と共にPC鋼より線の引張応力が減少する現象（レラクセーション）による損失（約5%と言われています）．

②硬化したコンクリートは内部水分の蒸発（乾燥）により縮む変形（乾燥収縮）による損失（150×10^{-6}程度の収縮ひずみが発生します）．

③コンクリートに持続して圧縮力が作用すると、時間の経過とともに収縮変形（クリープ）が発生して生じる損失．

が生じるためです．

また、**図5.4**に示すように付着力が十分となるには、ある距離が必要です．特にレール位置では発生応力に抵抗できるプレストレスが確保される必要があります．この結果、緊張力が100%プレストレスとしてコンクリートに作用するわけではなく、試作・試験敷設の繰返しが行われて、現時点ではプレストレスの有効率65%が採用されています．

PCまくらぎの開発当初は諸試験の結果、2本より線で錆付けを実施した場合レール位置で設計曲げモーメントに対抗できるプレストレスを確保するために定着長を約400mmとする必要があると報告されています[5-2]．異形PC3本より線が開発された時も付着長約400mmを満足するようにインデントの形状・間隔を試行しながら決定されました．

PC鋼より線の場合付着長としては、鉄道構造物等設計標準・同解説コンクリート構造物（以下、コンクリート標準という）によると一般に鋼より線の標準径の65倍と言われています[5-3]．因みに、PCまくらぎ

に使用される PC 鋼より線は φ2.9mm 3 本より線の場合では、標準径の考え方が明確に定義されていません. そこで**表 5.2** に示す試算を行いました. 素線の単線径を基本と考える場合、3 本より線の外接円を標準径と考える場合、3 本より線のコンクリートに接触する部分の周長の合計から直径に換算して径と考える場合および素線の断面積の合計を等断面円の直径と考える場合で検討しました. 定着長の 400mm と径との比は外接円径を標準径と考えると 64φ となり、400mm を満足することが確認されました. したがって、外接円径を標準径と考えるのが適当かと考えられます.

表 5.2　PC 鋼 3 本より線の定着長の検討結果

	原型	単線	外接円	周長換算	断面積換算
φ =	2.9	2.9	6.25	7.25	5.02
A =	19.82	6.61	30.67	41.28	19.82
L =	27.33	9.11	19.63	22.78	15.78
P =	31.0	31.0	31.0	31.0	31.0
P／A =	1.56	4.69	1.01	0.75	1.56
	1.00	3.00	0.65	0.48	1.00
P／L =	1.13	3.40	1.58	1.36	1.96
	1.00	3.00	1.39	1.20	1.73
400／φ =	－	137.9	64.0	55.2	79.6
	－	138	64	55	80
付着長	－	400.2	399.9	398.8	401.8

原型　2.9×3　　単線　φ＝2.9　　外接円　φ≒6.25　　周長換算　φ≒7.25　　断面積換算　φ≒5.02

5.2　ポストテンション方式

硬化後脱型方式、半即時脱型方式および即時脱型方式の相違点はつぎのとおりです.

硬化後脱型方式は型わくにコンクリートを打込んだ後、蒸気養生を実施しプレストレス導入時強度が確認されるまで型わく内に保存し、その後脱型を行う製作方法です. 半即時脱型方式は型わくにコンクリートを打込んだ後、蒸気養生を行い所定の強度（脱型強度：プレストレスが導入されていない PC まくらぎに有害な影響を与えずに脱型できる強度）を確認して脱型を行う製作方式で、型わくの回転を速くして少数の型わくで製作量を確保する方式です. 即時脱型は非常に固練りのコンクリートを型わくに打込み、強力な振動締固めおよび加圧振動を併用して成型し、直ちに脱型し、蒸気養生を行って所定の強度を確保する製作方式です. この場合型わくは非常に少数ですむ方式です. それぞれ長短があり、現時点では硬化後脱型方式が採用されています. 製作工程を**図 5.5** に示します. コンクリートの打込み・養生・強度確認後 PC 鋼棒をジャッキにて緊張し、支圧板に PC 鋼棒をナットで固定して反力を取ってプレストレスを導入します. **図 5.6** に製作工程の時間的流れを示します[5-1]. 作業開始は**図 5.6** の「1. 強度確認」から 1 日の作業が開始され、型わくにコンクリートが打込まれ、蒸気養生、コンクリートのプレストレス導入時強度確認後、脱型、PC 鋼棒の緊張が行われて製作されます.

ポストテンション方式での製作でもプレテンション方式と同様に PC 鋼棒のレラクセーションによる損失、コンクリートの乾燥収縮による損失およびコンクリートのクリープによる損失が発生し、導入されたプ

レストレスの100%が有効に働くわけではありません．ポストテンション方式の場合はプレテンション方式のように付着長を確保する必要はなく、支圧板（**図5.5**(a)参照）からコンクリートにプレストレスが伝達されます．したがって、ポストテンション方式の場合はプレストレスの有効率が大きく80%確保されます．**表5.3**にポストテンション方式で現在使用されているPC鋼棒の種類、機械的性質およびねじ部とヘッディング部の形状寸法を示しました．表中呼び名が同じ鋼棒でも機械的性質が多少異なるものがありますが、PC鋼棒の経済性を追求した結果の表れです．ヘッ

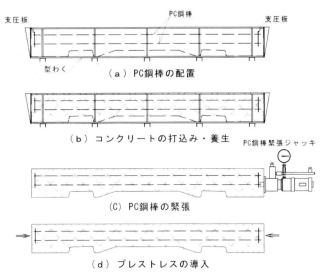

（a）PC鋼棒の配置

（b）コンクリートの打込み・養生

（C）PC鋼棒の緊張

（d）プレストレスの導入

図5.5　硬化後脱型方式の製作工程

ディングとはPC鋼棒の一端を扁平な球形のように加工し、ナットの役目を代替できるようにしたものです．

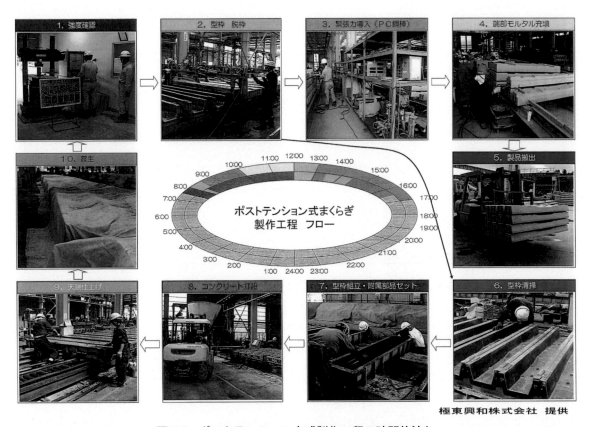

図5.6　ポストテンション方式製作工程の時間的流れ

図5.7に即時脱型方法でコンクリートを強力な振動締固めおよび加圧振動を併用して成型し、直ちに脱型し状態を示します．コンクリートのスランプは0~1cm程度と非常に小さいものが使用され、形状を確保し自立した状態が見て取れます[5-4]．ポストテンション方式でPC鋼棒を緊張するとき鋼棒周縁にコンクリートが付着し、緊張時に摩擦として作用し、緊張時の障害となります．

　初期のポストテンション方式の場合では鞘管を予め枠内に配置いておき、コンクリートが硬化後引抜き、PC鋼棒を挿入・緊張し支圧板に固定後、鞘孔とPC鋼棒との空隙にモルタルを注入し、モルタルの硬化がPC鋼棒とコンクリートとの付着を確保する方式でしたが、注入するモルタル量が不十分で生じた空隙、途

表 5.3　PC 鋼棒の種類、機械的性質およびねじ部とヘッディング部の形状寸法

呼び名 mm	平　　行　　部					ねじ部ヘッダー部	ねじ部		ヘッダー部	
	径の許容値 mm	断面積 mm²	引張強度 kN 以上	降伏強度 kN 以上	伸び % 以上	引張強度 kN 以上	ねじ呼び	ねじピッチ	外形 mm 以上	厚さ mm 以上
8.35	8.35 +0 -0.2	54.76	70.6	62.5	5	67.2	M 9	1.0	15	6
9.2	9.2 +0 -0.2	66.48	92.2	81.2	5	82.4	M10	1.25	16	7
9.2	9.2 +0 -0.2	66.48	92.2	87.3	5	86.3	M10	1.25	16	7
9.9	10.026 +0 -0.2	78.9	103.0	94.1	5	98.1	M11	1.5	17	8
10	10.026 +0 -0.2	78.9	103.0	94.1	5	98.1	M11	1.5	17	8
11	11.0 +0 -0.2	95.0	117.1	103.0	5	105.9	M12	1.5	20	9
11	11.0 +0 -0.2	95.0	123.6	114.7	5	118.7	M12	1.5	20	9
11	11.0 +0 -0.2	95.0	131.4	116.7	5	118.7	M12	1.5	20	9
13	13.0 +0 -0.2	132.7	181.4	161.8	5	166.7	M14	1.5	22	10

中で閉塞して未充填部分が発生して生じた空隙に、モルタルのブリージング水が滞水して PC 鋼棒が発錆し、破断する事故が発生しました.

　これの対策として、アスファルトを灯油で溶融させたものを PC 鋼棒表面に塗布する工法（以下、アンボンド工法という）に変更され、PC 鋼棒の腐食による破断事故を大きく減少させることができました. しかし、灯油で溶融したアスファルトはコンクリート温度が低下すると摩擦係数が増加し、緊張困難あるいは緊張時の PC 鋼棒破断が発生する欠点がありました. 現時点ではこの欠点を改良し、温度

図 5.7　即時脱型による PC まくらぎ

の影響を小さくしたポリウレタン変成アスファルトが開発・使用されています.

　グラウト方式 PC まくらぎの製作工程、特に PC 鋼棒用孔の製作方法を説明します. PC 鋼棒をコンクリートが硬化後に挿入できる挿入孔（鞘管）を作成する方法を**図 5.8** に示します. 鞘管には、支圧板の穴径より少し細く機械加工した鋼管あるいは丸鋼を使用します. コンクリートがある強度に達した時点で鞘管を引き抜き、PC 鋼棒挿入孔を確保します. 作業工程はつぎのとおりです.

① 型わく本体に妻枠（PC まくらぎ両端部の型わく）を取付け、固定側支圧板のグラウト注入口が外側となるよう配置し、鞘管を設置しコンクリートを打込む.

②コンクリート打込み後おおよそ 2 時間経過後、半硬化時に鞘管を抜取り、蒸気養生を開始する.

③養生終了後、PC 鋼棒を挿入し、仮締めをして脱型する.

④PC 鋼棒を緊張する. この場合、PC 鋼棒ヘッディング部が密着しても僅かに溝は残る.

⑤グラウト注入前に鞘管と PC 鋼棒との間隙に注水し、鞘管周縁のコンクリートがグラウト中の水分を吸水しないよう湿潤させる.

⑥グラウト注入は、手動式グラウト注入ポンプでグラウト漏れ防止付き注入用ノズルを引張側ダボに固く挿入し注入する（**図 5.9** 参照）. ナットに付けられたグラウト注入用切り欠きを通して支圧板と PC 鋼棒

の間隙から PC 鋼棒の周縁に充填される．PC 鋼棒固定側支圧板の切り欠き部から流出したグラウトが、注入側のグラウトと同じ濃度になるまで注入する．

⑦グラウト注入が完了したら、ダボへ充填モルタルを詰める．

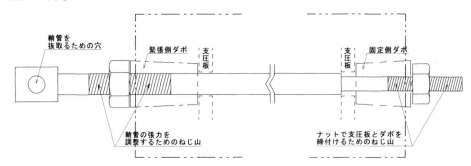

図 5.8（1）　PC 鋼棒挿入鞘管の成形方法の例

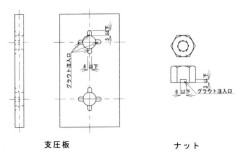

図 5.8（2）　支圧板およびナットのグラウト注入口の例

図 5.9　グラウト漏れ防止用ゴム栓の例　　　図 5.10　ヘアピン方式 PC 鋼棒

　表 5.3 中に示した PC 鋼棒は固定側がヘッディング加工した例ですが、両端ともナットで固定する方式もあり、ドイツ国から技術導入された図 5.10 に示すヘアピン方式のものがあります [5-5]．ヘアピン方式では支圧板としては鋼板製の椀状のものが使用されます．椀の中にはコンクリートが充填され、十分な強度が確保されます．

　ポストテンション方式では支圧板の PC 鋼棒に対する直角度が重要となります．支圧板と PC 鋼棒軸線とが直角とならず傾斜が生じた状態で PC 鋼棒を緊張した場合、PC 鋼棒に曲げ応力が発生し、傾斜角が大きくなると破断する可能性が発生します．特にねじ部は表 5.3 に示したように平行部（母材部）より引張強度が約 5~10% 低下するので、重要な問題となります [5-6]．そこで支圧板が傾斜した状態を支圧板とナットの間にくさびを挿入することにより模擬試験を行い、結果を表 5.4 に示します [5-7]．表 5.4 によると傾斜角

表 5.4　くさび角度と最大荷重

試 験 方 法	ナット高さ mm	くさび角度 °	最大荷重 kgf
	18	0	12,600
	18	0	12,730
	18	4.3	12,550
	18	4.3	12,850
	18	4.3	12,650
	18	4.3	12,800
	14	4.3	12,500
	16	4.3	12,600
	20	4.3	12,650
	18	9.9	8,600
	18	9.9	6,850
	18	9.9	7,100

64

0°と傾斜角4°とではその差はほとんど見受けられません．試験値にばらつきが認められますが、これは材質のばらつきとねじ製作によるばらつきが競合されたものと判断されます．しかしながら、傾斜角が9.9°となると明らかに強度が低下していると判断されます．同様な試験を他材質のPC鋼棒について行った結果を**図5.11**に示します[5-8]．**図5.11**によると傾斜角θ=4°でわずか約0.4%の強度低下が認められ、θ=6°になると約4%、θ=10°では約30%の強度低下が認められます．つぎにくさびの角度と引張強度の保持時間との関係を調査しました．結果を**表5.5**に示します．この試験の目的はポストテンション方式PCまくらぎの製作中の危険防止のためであり、PC鋼棒の緊張後ナットで固定し、グラウト注入中、端部のダボへのモルタルの充填中あるいは貯積場への運搬中および貯積中にPC鋼棒が破断する危険を防止するためです．これらの試験結果から、PC鋼棒の軸線と支圧板とに生じる傾斜角は90°±3°と制限されました．その後の製作方法の検討の結果、支圧板を各PC鋼棒に1枚ずつ配置されていたものを上下のPC鋼棒用の支圧板を一体化し、型わくにボルトで固定する製作方法に改善されたので傾斜角を制御できるようになり、現在では90°±1°となっており、安全性が向上しています．

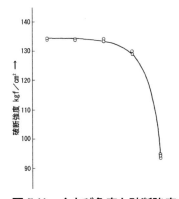

図5.11　くさび角度と破断強度

表5.5　引張荷重と破断までの時分

引張荷重	$\theta = 0°$	$\theta = 4.3°$
	破断までの時分	破断までの時分
13,700 kgf	0 分	0 分
13,600	3	0
13,450	345	―
13,500	―	5
13,400	390	78
13,300	600（破断せず）	480

5.3　蒸気養生

　コンクリートの強度発現を促進するため、PCまくらぎの製作では**図5.3**および**図5.6**に示したように蒸気養生（常圧）が採用されます．養生の時間・温度のパターンの例を**図5.12**に示します．このパターンはPCまくらぎの開発時から研究・試行により得られたものです．PCまくらぎの場合は前置時間を3時間以上、温度上昇速度は15℃/h以下、最高温度はプレテンション方式の場合はPC鋼より線温度に40℃を加えた温度、且つ60℃以下、ポストテンション方式では60℃以下とし、最高温度の保持時間は6時間以下、温度下降速度は15℃/h以下とするパターンが一般的です．なお、プレテンション方式の場合で最高温度をPC鋼より線温度に40℃を加えた温度に制限をするのは、ロングライン方式で製作する場合は蒸気養生時に**図5.2**および**図5.3**に示したように固定側および緊張側のアバット部分は蒸気養生の熱による熱膨張の影響を受けず、中間部分はPC鋼より線が熱膨張による長さ変化が発生します．熱による長さ変化の影響でアバッ

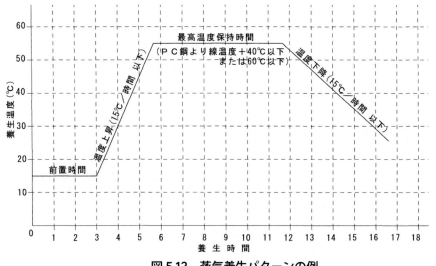

図5.12　蒸気養生パターンの例

ト間の緊張力がわずかながら減少します．緊張力が減少した状態でコンクリートが硬化し，わずかですが緊張力が減少した状態でプレストレスが導入されます．この対策として、蒸気養生を行う場合は緊張力を40℃の熱膨張に相当する減少分を余分に緊張することで対処しています．プレテンション方式での移動ベンチ方式およびインディビデュアル方式では反力を受ける部分もPC鋼より線の熱影響と同等の熱影響を受けるので、緊張力に変化は生じず、規格値のプレストレスを導入することできます．一方、ポストテンション方式の場合はコンクリートの養生が終了し、強度が確認さ

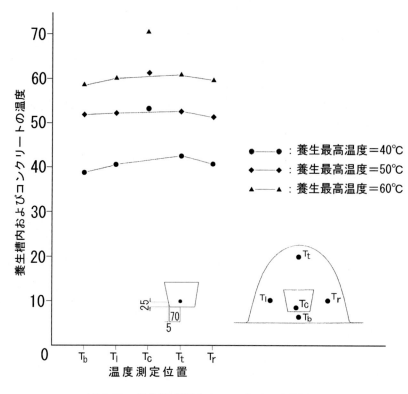

図5.13　養生槽内温度とコンクリート温度

れた後プレストレスが導入されるので温度の影響を考慮する必要はありません．

　図 5.13 にプレテンション方式での蒸気養生時の養生槽内の最高温度時の温度分布を示します．養生槽内温度(T_r、T_l、T_tおよびT_b)は養生最高温度に係わらずおおむね最高温度と同様と見なされ、コンクリート温度(T_c)は 10℃程度高くなっています．これはコンクリートが硬化するとき発生する反応熱の影響と考えられます．

5.4　刻印

　PCまくらぎの上面端部にはPCまくらぎの種類を表す記号（P.39 参照）、製作事業者の名称または略号および製作年の略号（西暦年号の末尾 2 桁）を刻印として表示することなってます．外に同種ごとの製作一連番号を印字することになっています．2018 年時点での名称あるいは略号を**表 5.5** に示します．刻印の例を**図 5.14** に示します．

　駅のホームから軌道を覗いてみて下さい．記号、名称、略号または年号が観察されます．一連番号は墨または黒インクのため雨水で消失している可能性があります．なお、覗く際は列車の接近、ホームからの転落には十分注意して下さい．

図 5.14　製作業者と製作年との略号の例

表 5.5 製作事業者の刻印

五十音順

刻　印	製　造　事　業　者　名	供給状態	刻　印	製　造　事　業　者　名	供給状態
OKK	オリエンタルコンクリート株式会社	□	**JPC**	黒沢建設株式会社	◎
OKK	オリエンタル白石株式会社	◎	**コーワ**	興和コンクリート株式会社	□
(図)	株式会社安部日鋼工業	◎	(図)	住友建設株式会社	□
SNC	株式会社ＳＮＣ	□	**CPK**	中央ピー・エス・コンクリート工業株式会社	◎
NPS	株式会社日本ピー・エス	□	**DSC**	ドーピー建設工業株式会社	◎
PMS	株式会社ピーエス三菱	◎	(図)	日本高圧コンクリート株式会社	◎
(図)	九州コンクリート工業株式会社	□	(図)	日本鋼弦コンクリート株式会社	□
KKK	極東工業株式会社	□	**H**	東日本コンクリート株式会社	◎
KKK	極東興和株式会社	◎	(図)	ピー・エス・コンクリート株式会社	□
(図)	極東興和株式会社	◎	**FPS**	富士ピー・エス・コンクリート株式会社	◎
コーワ	極東興和株式会社	◎	**SMCON**	三井住友建設株式会社	◎

注) 供給状態の欄中、◎：進行中、□：中止も存地

6. PCまくらぎに発生する損傷

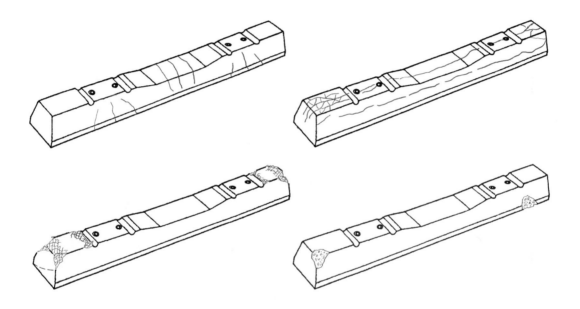

6. PCまくらぎに発生する損傷

　PCまくらぎの多くは高度経済成長期に多量に敷設され、一般的に言われるコンクリート構造物の寿命50年に迫ろうとしています．したがって、これらの経年PCまくらぎの適切な管理が必要になってきていると考えられます．PCまくらぎの適切な管理を行うには、線路巡回中の観察、損傷の発見、看視によりPCまくらぎの状態把握が必要となります．

　損傷状態を判定し交換の必要性の判定を支援するため、発生した損傷ごとに判定方法（私案）の提案を行います．

6.1　損傷程度の調査

　軌道を適切に維持管理していくためには、軌道部材の1つであるPCまくらぎの適切な時期に適切な方法で損傷状態の検査を行う必要があります．

　検査では、まくらぎの状態を確認し、損傷程度を判定します．損傷の状態により、A、B、C、Sの区分に判定します．区分については一般的な検査手順を**図6.1**に示します．

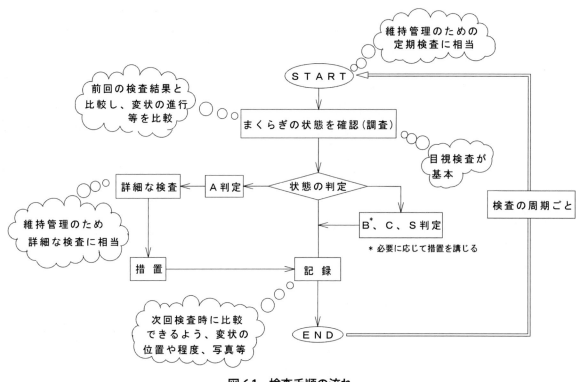

図6.1　検査手順の流れ

6.2　調査の手順

　PCまくらぎの検査は一般に徒歩巡回で行い、損傷を発見した場合は**表6.1**に必要事項をPCまくらぎ1本管理ができるよう記録し、次回検査時の資料とするの良いでしょう．なお、形式の欄で製作年およびメーカー名が不明な場合は未記入でもよく、損傷状況の欄で状況を判別できない場合は複数回答としてもよいでしょう．

6.3　発生しやすい損傷の種類

　PCまくらぎの主要な損傷の種類と損傷が生じやすい部位を**図6.2.1～6.2.6**に示します．曲げひび割れの

表6.1　損傷発見時の記入必要事項

ＰＣまくらぎ損傷調査表						
敷設位置・状況	線　名			損傷状況	発見時期	
	駅　間				曲げひび割れ	
	キロ程				縦ひび割れ（化学的変状を含む）	
	直、曲				ショルダー部	
	こう配				断面欠損	
	軌道方式	バラスト軌道	バラスト厚さ		端部剥落	
			排水状況		埋込栓の破断および機能喪失	
			噴泥の有無		凍　害	
		直結軌道			すり減り[*1]	
形式	型　式				ポステン式の後埋め部の欠落[*2]	
	製造年				その他（レール座面圧壊、錆汁）	
	メーカー名			注）*1 は底面に発生の変状であり、巡回中は困難である。		
	プレテン式orポステン式			*2 は側面に発生の変状であり、巡回中は困難である。		

発生要因は、レール位置下縁の場合はバラストの支持力不足—突固め不良—あるいは大きな荷重の作用が考えられ、中央上縁の場合はレール位置下のバラストの突固め不良によって中央部分で支持する状態となったため、中央部上縁部に大きな引張力が発生した影響と推定されます.

　縦ひび割れ（化学的損傷を含む）の発生要因は、アルカリ反応性を有する骨材とセメント中のアルカリ分と水が反応しての生成物が膨張しひび割れが発生する損傷で、一般にアルカリ骨材反応（アルカリシリカ反応:ASR）といわれる損傷です. 発生初期はまくらぎ端部に亀甲状のひび割れが発生し、経時と共にまくらぎ長手方向に伸長する現象です.

　化学的損傷も反応生成物が吸水・膨張してひび割れを発生させる現象であり、ひび割れの発生状況はアル

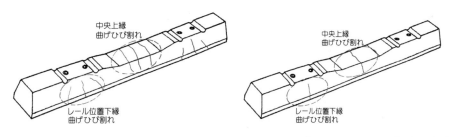

図 6.2.1 プレテンション方式の曲げひび割れ　　図 6.2.2 ポストテンション方式の曲げひび割れ

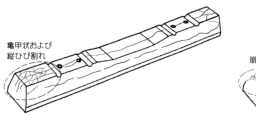

図 6.2.3　亀甲状および縦ひび割れ

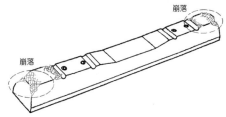

図 6.2.4　凍害

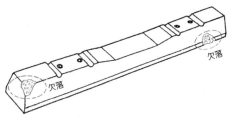

図 6.2.5　断面欠損

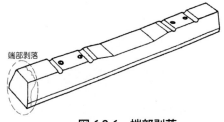

図 6.2.6　端部剥落

カリシリカ反応によるひび割れの初期状態と類似し、小さい亀甲状のひび割れが発生する現象です.

凍害による損傷は、コンクリート中に残存する未反応の水分が冬期に凍結膨張して初期ひび割れを発生させ、その後微細なひび割れに雨水が浸透し凍結・融解により進行するひび割れです. 発生する部位はまくらぎ端部の稜線が最初であり、発生する地域は中部・関東地方の高地、東北地方および北海道地方です. なお、1997 年度以降は PC まくらぎ用コンクリートに AE コンクリート (空気量 4.5 ± 1 %)の使用が開始されたので、今後の発生は非常に希な損傷になると考えられます.

断面欠損の損傷は、運搬中の運搬用機器の衝突・落下、保守用機器の衝撃・落下等によりコンクリートが欠損・剥落する現象です. なお、製作工場内での断面欠損は出荷時検査で確認・排除されます.

端部剥落の損傷は、直結軌道およびバラスト道床の凍上区間で使用のポステンション式まくらぎの端部に発生した損傷の形態です. 直結軌道でまくらぎ下防振材によって生じた空隙に横移動防止用あるいは高さ調整用コンクリートが流入・硬化し、列車荷重作用時に支持点として作用したために発生する損傷の形態です. 支圧板に沿ってコンクリートが破断し、支圧板上端よりコンクリートがせん断破壊する形態の損傷です. 寒冷地方のバラスト道床区間で凍上区間においても発生する場合もあります. PC まくらぎ端部付近のバラストが凍上して PC まくらぎ端部が支持点となり、端部が剥落する現象が発生する場合があります.

また、ポステンション方式 PC まくらぎの一部には支圧板のかぶりが小さいため、バラスト道床で排水の悪い区間や直結軌道で滞水する区間で支圧板が発錆し、錆の膨張圧でコンクリートの付着切れが発生し、支圧板面を境界として剥落する現象も発生します.

PC まくらぎは工場製品であるためコンクリート品質のばらつきは小さい製品です. しかし、**図 5.2** と**図 5.3** および**図 5.5** と**図 5.6** にプレテンション方式およびポステンション方式の製作方法の相違を示しましたが、損傷は同じような状態のものでも製作方法による違いが生じます. その例として**図 6.2.1** および**図 6.2.2** に示したように曲げひび割れの発生状況に相違が生じます. したがって、検査巡回時は対象区間の PC まくらぎの製作方法を把握しておくと参考となります.

6.4 調査時の携行品

巡回検査時の携帯品の代表例は、**表 6.1** に示した PC まくらぎ損傷調査表、マクロ撮影機能のあるカメラ、巻尺(コンベックス等)、直定規、隙間ゲージおよびクラックスケール(**図 6.3** 参照)の測定器具です.

PC まくらぎ損傷調査表は台帳として使用し、詳細調査を実施する際の資料とします.

カメラは敷設位置の全景、損傷状態、排水状態、噴泥状態、必要により損傷の組み写真を撮影するに使用します. 撮影写真に撮影年月日を表示する方法を採用するとデータの整理に便利となります.

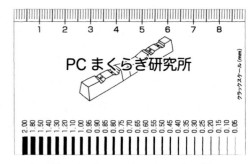

図 6.3 クラックスケールの例

メジャーは損傷の規模、ひび割れ延長の測定に、隙間ゲージと直定規は断面欠損や端部剥落寸法測定に、クラックスケールはひび割れ幅測定に使用します. ひび割れ幅の測定にクラックスケールあるいは隙間ゲージの持合わせがない場合は、シャープペンシルの芯 0.5 mmあるいは 0.3 mmや、鉛筆の芯 2 mmを利用するとひび割れ幅の目安を付けることが可能となります. シャープペンシルの芯で 0.5 mmあるいは 0.3 mmをひび割れに突っ込み、ひび割れ中に入ればひび割れ幅は 0.5 mm程度あるいは 0.3 mm程度と判断でき、鉛筆の芯の場合はひび割れ幅が 2 mm程度と判断が可能です.

6.5 損傷程度の判定区分の考え方

PC まくらぎの損傷状態の判定区分の考え方は検査手順の流れ(**図 6.1** 参照)に示すように PC まくらぎを

調査し、**表6.2**を参考に**表6.1**に記入します．損傷程度の判定は、原則として発見した損傷に対して行います．例えば、**図6.4**に示すように1本のPCまくらぎに凍害、ひび割れ、支圧板の露出のように複数の損傷が認められた場合、それぞれの損傷に対して損傷程度の判定を行います．その結果は次回調査する際の資料とし、以前の損傷程度に対して進行の有無の判定を行います．

以下に、個々の損傷について詳細に述べます．

表6.2　PCまくらぎの損傷程度の判定区分の考え方

健全度	まくらぎの状態
A	運転保安、旅客の安全ならびに列車の正常運行の確保を脅かす、または、そのおそれのある変状等があるもの
B	将来、健全度 A になるおそれのある変状等があるもの
C	軽微な変状等があるもの
S	健全なもの

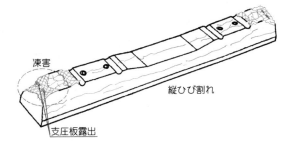

図6.4　複数の損傷が認められたPCまくらぎの例

6.5.1　曲げひび割れ

PCまくらぎのレール位置下縁に曲げひび割れが発生する原因は、

①レール位置バラストの突固めが十分でなく、支持力が不足した場合

②プレストレス量の不足、コンクリート強度の不足

③著大な輪重が作用し、設計応力を超過した場合

が考えられます．

PCまくらぎの中央部上縁付近に曲げひび割れが発生する原因は、

④レール位置バラストの突固めが十分でなく、中央部付近での支持負担が大きくなり、設計応力を超過した場合

⑤設計横圧より大きな応力が作用し、設計応力を超過した場合

⑥プレストレス量の不足、コンクリート強度の不足

⑦敷設時の施工不良により、中央部のみが支持状態となった場合

が考えられます．

このひび割れは、上記推定原因①～⑥が複合する場合が多く、レール位置下縁と中央部上縁付近とに同時に発生する例が多く発見されます．突固め不良が発生すると上下変位量増大し、まくらぎに作用する応力が増加し、曲げひび割れが発生します．⑦の支持状態で、バックホウ等の施工機器が進入するとまくらぎ中央部に曲げひび割れが発生するので注意を要します．

プレストレス量の不足は、製作時に原因がある場合と使用開始後ある時間が経過して発生する場合とが考えられます．製作時に原因がある場合は導入されたプレストレスが不足した場合で、プレストレス不足の原因はPC鋼材の緊張量の不足、プレストレス導入時の定着が十分でなかった場合が考えられます．プレストレス不足に対しては製作時にあるロット数で品質管理試験を実施しているので、プレストレス不足の製品が出荷されることはほとんど発生しないが希に発生し、試験列車等の走行時に曲げひび割れが発生し、発見さ

れます．施工時に中央支持状態での施工機器進入が原因の曲げひび割れと外見上類似するので留意する必要があります．

プレストレス量不足は、プレテンション方式の場合は使用開始後の端部での断面欠落による定着長不足、あるいはPCまくらぎ下面のすり減りによるかぶり不足に起因する定着長不足、中間部の断面欠損によるPC鋼線の露出・破断により発生します．ポストテンション方式まくらぎで初期に製作されたものでは、PC鋼棒の付着を確保するためにセメントミルクの注入を行っていたので、このセメントミルクが十分に充填されておらず、セメントミルクから分離した水分が原因でPC鋼棒の腐食・破断による場合に発生します．**図6.5**にPC鋼棒の破断例を示します．しかし、この損傷はアンボンド方式よる製作方法が採用されてからはほとんど発生例はなくなりました．しかしながら、アンボンド・ポストテンション方式でもまくらぎ端部の断面欠損によるPC鋼棒のヘッディング部あるいはナット固定部の腐食・破断、中間部の断面欠損によるPC鋼棒の腐食・破断が生じた場合は破断の原因になる考えられます．

(1) 固定部(ナット部)での破断

(2) グラウト不良による破断

図6.5　PC鋼棒の破断例

曲げひび割れの発生形態には製作方法による特徴があります．プレテンション方式では、レール位置下縁、中央部上縁付近ともに3~4本のひび割れが発生する傾向にあります．一方、ポストテンション方式は1~2本のひび割れが発生する傾向です．これは、PC鋼材とコンクリートとの付着力に相違があるためで、プレテンション方式では付着力が作用するため分散し、アンボンド・ポストテンション方式は付着力が絶縁されているため集中するためです．したがって、発生するひび割れ幅にも差異が生じ、プレテンション方式はひび割れが分散されるためひび割れ幅は小さく、ポストテンション方式の場合は集中するためひび割れ幅は大きくなる傾向があります（**図6.6**、**図6.7**および**図6.8**参照）．判定区分の考え方を**表6.3**に示します．なお、判定区分BあるいはCの状態でバラストの突固めを十分に実施すれば、判定区分の進行を鈍化させることは可能と考えられます．

表6.3　判定区分の考え方

健全度	まくらぎの状態	措置
A	ひび割れ幅 W≧1.0mm	交換する。
B	ひび割れ幅 1.0＞W≧0.2mm	複数本のひび割れにマークし、定期的にひび割れ幅、長さの変化を看視する。
C	ひび割れ幅 0.2＞W≧0.05mm	時々看視してひび割れ幅、長さの変化を看視する
S	ひび割れはなし	

図6.6　曲げひび割れ(中央部上縁)の例

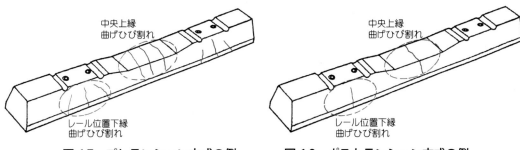

図6.7　プレテンション方式の例　　　　図6.8　ポストテンション方式の例

6.5.2　縦および亀甲状ひび割れ（化学的劣化を含む）

縦および亀甲状ひび割れ発生原因の大部分は、セメントに含有されるアルカリ（Na_2SO_4 および K_2SO_4）がセメントの水和反応過程でコンクリート空隙中の水溶液に溶け出した強アルカリ性水溶液とコンクリート材料中のある種の骨材（アルカリシリカ反応骨材）とが化学反応して析出された生成物が水分を吸収して膨張する作用が原因といわれています．ひび割れの状況を**図6.9**に示します．

なお、現時点では使用材料の選定時に

・コンクリート中のアルカリ総量を Na_2O 換算で 3.0kg/m^3 以下に抑える．

・高炉セメント B 種、C 種、またはフライアッシュ B 種、C 種などの混合セメントを使用する．

・ASR が無害と判定される骨材を使用する．

等の抑制対策を取ることが規定されたので、今後の発生は減少すると考えられます．

（1）端部の例　　　　　　　　　　　　　（2）中央部付近の例

図6.9　アルカリシリカ骨材反応による縦ひび割れの例

また、縦および亀甲状ひび割れと類似した形態の損傷が認められる場合があります．その例として、硫酸塩劣化です．エトリンガイトの遅延生成による損傷例を**図6.10**に示します[6-1]．

化学的劣化の１例として飛沫塩分中の塩化物イオンに起因する損傷があり、縦および亀甲状ひび割れと競合するとプレテンション方式の場合はスターラップの腐食・破断および PC 鋼より線の腐食・切断へと進展、ポストテンション方式の場合は PC 鋼棒の腐食・破断へと進展するので注意を要します．飛沫塩分の影響範囲については**図6.11**を参照して下さい[6-2]．

図6.10　エトリンガイトの遅延生成による損傷例

海岸の地域区分	対象となる地域
SS 地域	北海道（松前町，桧山支庁，後志支庁，石狩支庁，留萌支庁，宗谷支庁，網走支庁），青森県（小泊村，市浦村，車力村，木造町，鰺ヶ沢町，深浦町，岩崎村），秋田県，山形県，新潟県の海岸付近
S1 地域	北海道（SS 地域以外），富山県，石川県，福井県，京都府，兵庫県（城崎町，竹野町，香住町，浜坂町），鳥取県，島根県，山口県（田万川町，須佐町，萩市，三隅町，長門市，油谷町，豊北町，豊浦町，下関市）の海岸付近
S2 地域	上記以外の地域

図 6.11　塩化物イオンに関する検討における海岸の地域区分

　PC まくらぎの縦および亀甲状ひび割れの初期は巡回調査では確認は困難ですが、まくらぎの埋込栓周辺を基点とする軸方向のひび割れ（縦ひび割れ）が発生し、経時とともに中央部へと発生・伸長し、端部には亀甲状または網目状のひび割れが発生します．まくらぎ中央部で縦ひび割れとなるのは、軸方向力（プレストレス）が作用する場合は拘束方向に直交する方向にひび割れが発生する性質があるためです．縦および亀甲状ひび割れはまくらぎの上面、側面および底面に発生します．

　健全度判定の考え方を**表 6.4** に示します．

表 6.4　健全度判定の考え方

健全度	まくらぎの状態 全体	側面	ひび割れ幅	措置
A			ひび割れ幅 W ≧ 1.0mm	交換する。 メモ：端部は亀甲状または網目状を呈し、中央部ではひび割れが連続する場合もある
B			ひび割れ幅 1.0＞W ≧ 0.2mm	複数本のひび割れにマークし、定期的にひび割れ幅、長さの変化を看視する。 メモ：端部で亀甲状または網目状が観察し始め、中央部ではひび割れが連続する場合もある
C			ひび割れ幅 0.2＞W ≧ 0.05mm	時々看視してひび割れ幅、長さの変化を看視する メモ：ヘアークラック程度で、指示薬の使用を要する。
S			ひび割れはなし	

　なお、健全度判定でBと判定された場合でも、JIS 規格の6号、7号、1F、ケーブル防護用、継目用、特殊区間用、3T、4T、3H、4H およびこれに類似する形状のものについてはショルダー部を起点とするひび割れには注意し、この部分のみがAと疑われるなら、全体の判定をAとする必要が考えられます．これは偶発的な横圧に対する安全性を考慮する必要があるためです．

　縦および亀甲状ひび割れの初期は、乾燥収縮あるいは凍害によるひび割れと類似し、ひび割れ原因を確定することは困難です．初期症状を発見した場合はひび割れ部をマーキングし、春先あるいは梅雨明け時の雨上がり時に観察するとひび割れの形状、分布状態が観察しやすく、卓越するひび割れの方向・形状から原因推定が容易になります．

　なお、初期の縦および亀甲状ひび割れが発見された時点でひび割れに注入剤あるいは撥水剤の注入あるいは塗布する修理方法が考えられますが、ひび割れはまくらぎ全面に発生するため、全面に塗布あるいは注入するのは困難であるため、最善の方法ではないと判断されます．

　縦および亀甲状ひび割れ発生原因の解明のため、種々の検討・試験が行われました．縦および亀甲状ひび割れは、敷設後数年以内の比較的新しいPCまくらぎにひび割れの発生する現象がしばしば見受けられるようになりました．このひび割れは列車荷重による曲げ応力によるひび割れとは相違するものと判断されており、特徴はPCまくらぎ敷設後1~2年で発生し、その後ひび割れは経年に伴い伸長・拡幅していく傾向があります．

　この原因究明のため、以下に示すような要因で各種試験を昭和57年度までに行われました．

①各種の蒸気養生を行ったPCまくらぎの暴露試験（要因：前置時間、昇温速度、最高温度、最高温度保持時間、降温速度）

②諸種の条件で蒸気養生を行ったコンクリートの品質（要因：早強セメントの種類、前置時間、昇温速度、最高温度、降温速度、プレストレス量）

③各種の製作条件がコンクリートの品質に及ぼす影響（要因：練混ぜ時間、コンクリートのスランプ、締固時間、養生方法、空気量、プレストレス量、骨材の種類、混和剤の種類）

④各種の条件で製作したPCまくらぎの暴露試験（要因：コンクリートのスランプ、プレストレス量、養生方法、骨材の種類）

⑤コンクリートの品質試験—1（要因：セメントの種類、骨材の種類、養生方法）

⑥PCまくらぎ損傷原因究明としての暴露試験（要因：セメントの種類、骨材の種類、養生方法）

⑦PCまくらぎ損傷原因究明としての暴露試験（要因：セメントの種類、骨材の種類、練り混ぜ時間、前置時間、昇温速度、降温速度）

⑧コンクリートの練混ぜ時間および振動締固め時間とコンクリートの性質（要因：練混ぜ時間、振動締固め時間）

⑨コンクリートの品質試験—2（要因：セメントの粉末度）

⑩コンクリートの品質試験—3（要因：セメントの種類、骨材の種類、プレストレスの導入の有無）

⑪損傷原因追及のための暴露試験（要因：骨材の水洗の有無、練混ぜ時分、振動締固め時分、前置時間、昇温速度、最高温度、最高温度保持時間、降温速度）

⑫振動締固め時分および位置の与える影響（要因：振動締固め時分、振動締固め機位置）

⑬コンクリートのスランプ値と二次養生の影響（要因：コンクリートのスランプ、二次養生の方法）

⑭損傷PCまくらぎの補修材および補修方法の検討

　これらの試験は6号PCまくらぎあるいは角柱および円柱供試体で行われています．その結果、ひび割れ発生の主因は材料または製作方法にあるのではないかと想定されるようになり、昭和58年度には損傷原因の解明の深度化を図るため使用骨材の品質に絞り、原因究明試験が行われました．

　縦および亀甲状のひび割れの発生は、列車荷重によるものとは明らかに相違する性状のひび割れであり、

次のような特徴があります.

○大量・集中的に発生し、まくらぎの型式には発生差はない.

○発生時期がオイルショックの時期と符合する.

○発生地域的に偏りがある.

○製作後 1~2 年後から損傷の兆候が現れ、経時と共に発達する.

○同一工場で同時期に製作されたまくらぎ以外の PC 製品には損傷が発生していない.

○製作時の管理データからはひび割れ発生の原因が推測できない.

○貯積場で貯蔵中のものにも発生している.

○立体交差桁下部分のひび割れ未発生の PC まくらぎを雨水がかかる部分に移設すると 1 年程度で縦および亀甲状ひび割れが発生する.

上記特徴を検討すると、ひび割れの発生には水分が関与していると想定されます. コンクリートがある環境下で水分が供給されると水分と作用してひび割れが発生する作用、アルカリシリカ反応の可能性が考えられました. アルカリシリカ反応を起こす可能性のある鉱物質の存在の有無を確認するため、骨材の X 線粉末回折分析を実施しました.

コンクリートに使用する粗骨材は、川砂利等の天然骨材の枯渇により砕石の使用が大半を占めるようになりました. 天然骨材の場合は自然淘汰されていたと考えられるコンクリートに有害なひび割れや膨張の影響を与える鉱物が、砕石の場合は有害鉱物質が残存する可能性が多くなりました.

PC まくらぎに使用される粗骨材は、近年ほとんどを砕石が占めるようになり、縦および亀甲状ひび割れ損傷の発生にある種の鉱物質の存在が関与していると懸念されるため、採石場（A 砕石、B 砕石、C 砕石、D 砕石、E 砕石、F 砕石、G 砕石）で原石の採取および PC まくらぎ工場での粗骨材蓄積場から資料を採取し、X 線粉末回折分析および水洗い試験を行いました. X 線粉末回折分析結果を**表 6.5** に示します.

A 砕石からスメクタイトが、B 砕石から緑泥石および雲母粘土鉱物が、C 砕石から緑泥石および微量の雲母粘土鉱物が、D 砕石から微量の緑泥石と岩雲母粘土鉱物が、E 砕石から緑泥岩が、F 砕石から少量の緑泥石と微細な雲母粘土鉱物が、G 砕石から雲母粘土鉱物、クリストバライトおよびスメクタイトが確認されました.

緑泥石および雲母粘土鉱物は、収縮や膨張を起こしてひび割れを発生させる鉱物であり、粗骨材として使用されたコンクリートがどの程度膨張変化が生じるか判明してなく、悪影響が現れる含有量の限界値も判明していません. これらの鉱物については、含有量を変化させて長さ変化を測定する等の深度化した試験を行う必要があると考えられます.

スメクタイトは水と反応して膨張する性質のものであり、コンクリート表面にあればポップアウト現象を

表 6.5　粗骨材の X 線粉末回折よる分析結果

	石英	長石	輝石	角閃岩	緑泥岩	雲母粘土鉱物	方解石	クリストバライト	スメクタイト
A－砕石	±	±	＋＋＋						＋
B－砕石	＋＋	＋		(±)	＋	＋			
C－砕石	＋	±		＋	＋＋＋	(±)			
D－砕石	±	＋	＋	±	(±)	＋			
E－砕石	(±)	±	＋＋＋	＋＋＋					
F－砕石	±	±	＋	＋	±	(±)	±		
G－砕石	±	＋	＋			±		＋	＋

注）含有量記号は、＋＋＋：多量、＋＋：中量、＋：少量、±：微量、(±)：極微量、空欄：存在を認めず　を表す.

発生させます．内部に存在する場合は、コンクリートの余剰水と反応して膨張することが考えられます．しかし、この場合も含有量とひび割れの発生との関係が確認されていないので、深度化した試験が必要と考えられます．

クリストバラストはセメント中のアルカリ成分と反応し、膨張反応を示します．すなわち、アルカリシリカ反応を起こす性質のある鉱物です．

昭和 59 年 4 月に NHK で「コンクリートクライシス」と題して塩害、アルカリシリカ反応等によるコンクリートの早期劣化問題が報道されました．コンクリートの劣化問題、特にアルカリシリカ反応によるひび割れの形態が PC まくらぎ端部の亀甲状のひび割れと酷似していると考えられ、PC まくらぎの縦および亀甲状のひび割れもアルカリシリカ反応が原因ではないかと疑われるようになりました．また、**表 6.5** に示した粗骨材の X 線粉末回折による分析結果からもアルカリシリカ反応が疑われる鉱物が含まれていました．

これらの知見を基に、反応性の骨材および無反応骨材、セメント中のアルカリ量を要因とした 6 号 PC まくらぎを使用した再現試験を PC マクラギ工業会の協力により行いました．

試験結果を後述します．

6.5.3 凍害

凍害はコンクリート中の水分が冬期に凍結膨張して、表面に微細な網目状あるいは亀甲状のひび割れが発生し、表面が薄片状に剥離・剥落する状態（スケーリング）に発達し、小塊あるいは粒子状の崩壊を起こす現象です．この影響による PC まくらぎの損傷は、まくらぎの稜線に最初に発生する特徴があります．

この損傷に対処するには、コンクリートの練りまぜ時に AE 剤あるいは AE 減水剤を用いた AE コンクリートを使用することにより対応できます．AE コンクリートとはコンクリート中に直径が 10~100μm の微細な空気泡を一様に分布させたもので、この気泡が水分の凍結時の内部圧力を緩和する作用があり、耐凍害性を向上させることが可能となります．プレテンション方式で製作される場合は微細な空気泡が PC 鋼より線の周縁にも付着し、十分な付着力が確保できずにレール位置下面で耐荷力不足となり、曲げひび割れが発生して破壊に繋がると懸念されたため AE コンクリートは使用されていませんでした．一方、ポストテンション方式の場合は、プレストレスは支圧板を介してコンクリートに伝達されるので耐荷力不足の問題は発生せず、AE コンクリートが使用されています．

PC まくらぎに AE コンクリートの使用が認可されたのは、ポストテンション方式の場合では日本国有鉄道規格（以下、JRS という．）により昭和 43 年 12 月であり、プレテンション方式では日本工業規格 E 1201-1997（以下、JISE 1201 という）からです．したがって、ポストテンション方式では昭和 44 年製（69 年製）以降、プレテンション方式では 98 年製以降は耐凍害性が向上しており、凍害による損傷は少なくなっています．

凍害は前述したように稜線が損傷の起点となるため、6 号、7 号、特殊形、新幹線用および類似した形状のショルダーで横圧に抵抗する形式のまくらぎは、ショルダー部の崩壊には注意を要します．

なお、AE コンクリートが認可される以前に製作されたまくらぎの凍害の影響を検討する場合は、**図 6.12** を参考に「凍害危険度 2」以下とするのがよいと考えられます [6-3]．

健全度判定の考え方を**表 6.6** に、凍害による損傷例を**図 6.13** に示します．

PC まくらぎに AE コンクリートを使用するに当たり、つぎのような確認試験を実施しました．以下に、その概要を述べます．

昭和 58 年当時のプレテンション方式の PC まくらぎには AE コンクリートの使用は認められていませんでした．その理由は、

①コンクリートに連行される空気量が 1% 増加すると圧縮強度が 4~6% 低下すると言われ、3~4% の空気を連行すると圧縮強度が 20% 程度低下することが考えられ、プレストレス導入時に必要な強度の発現

図 6.12 凍害危険度の分布図

表 6.6 健全度判定の考え方

健全度	まくらぎの状態	凍害の程度	措　　置
A		重	交換する。 メモ：ショルダー部が喪失し、ばね受け台の位置確保が困難となり、軌間保持が困難と考えられる状態
B		中	ショルダー部の崩壊部分をマークし、状態を定期的に看視する。 メモ：隅角部の稜線部から崩壊が開始・進行し、ばね受け台の掛かり具合を確認する。
C		軽	時々看視してスケーリング状態から、崩壊状態への進行の有無を看視する。 メモ：スケーリングからの進行の有無を看視する。
S			

図 6.13　凍害による損傷例

　が遅延し、現在一般的に各工場で採用されている製作 1 日工程が維持できなくなる.

　②連行した空気泡が PC 鋼より線に付着するとコンクリートと PC 鋼より線との定着効果が低減し、必要なプレストレス量の確保が困難になる場合が懸念される.

です.

　さらに、コンクリートに使用される骨材の状況はほとんどが砕石となり、コンクリートのワーカビリティを低下させますが、AE コンクリートの使用はこれを改善させます.

　AE コンクリートを使用した場合の空気量、PC 鋼より線の種類およびコンクリートの設計基準強度 350kgf/cm^2、400kgf/cm^2 および 450kgf/cm^2、AE 量 2.0% および 4.5%、PC 鋼より線径 φ2.9mm 3 本より線と呼び径 6.2mm を要因とする定着長の確認試験を実施しました.　なお、空気量の誤差範囲は ± 1% としました.

　試験に使用した供試体の形状寸法および PC 鋼より線へのひずみゲージの貼付位置を**図 6.14** に示します.使用したコンクリートの配合は、JRS 規格 PC まくらぎ製作時の平均的な配合を基本に 1 日強度で 400kgf/cm^2 以上が確保できるよう試験練りで決定し、これを参考に他の 2 水準の配合についても試験練りで決定しました.

　製作は JRS 03201-11D-13AR8B（PC まくらぎ 6 号）に準拠して行いました.

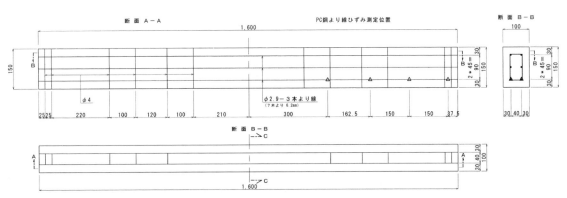

図 6.14　供試体形状寸法および PC 鋼より線へのひずみゲージ貼付位置

各条件下の圧縮強度、空気量（AE量）および引張強度の試験結果を**図6.15**に示します．同図によると試験結果ではAE量は2%に対しては2.9~3.1%、4.5%に対しては5.1%とほぼ目的値となり、導入時圧縮強度は設計基準強度が400kgf/cm²のもの、450kgf/cm²のものともに満足する強度が得られました．

　PC鋼より線のひずみ測定は、予備緊張、本緊張、固定後、高温促進養生開始時、養生時最高温度到達時、プレストレス導入直前および直後、プレストレス導入後24時間経過後で行いました．これらの結果を整理したものの一部を**図6.16**に示します．**図6.16**より判断されることは、測点3ではほぼ100%の定着力が確保されると考えられます．PC鋼より線の場合定着長はPCまくらぎの製作のプレテンション方式の項で検討したように標準径を外接円径の6.25mmと考えると、測定結果では端部からの距離337.5mmの測点3の位置で十分安全な定着長が確保されたと判断されます．因みに、337.5mmを外接円の径φ6.25mmで除すると54倍となり、十分安全な定着長と考えられます．

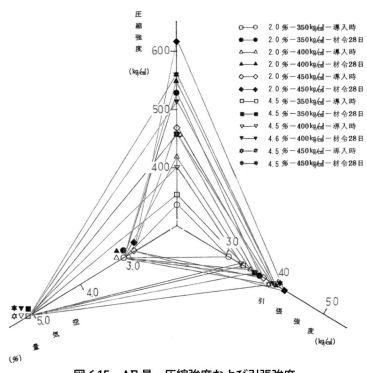

図6.15　AE量、圧縮強度および引張強度

　図6.16には測点3におけるプレストレス導入直前のひずみに対する導入直後のひずみおよび導入後24時間のひずみ比率を示しました．**図6.16**によるとプレストレスの残留率はφ2.9-3本より線の場合で導入直後では85%を超え、導入後24時間でも80%以上となっています．特に空気量4.0%、プレストレス導入時圧縮強度400kgf/cm²（以下、4.5%―400kgf/cm²という）の組合せで導入後24時間の残留率は約93%であり、空気量4.5%、プレストレス導入時圧縮強度450kgf/cm²（以下、4.5%―450kgf/cm²という）の組合せでも残留率は91%を超えています．これらの結果から、空気泡の影響でコンクリートとPC鋼より線との付着力の低下はないと判断されます．これは空気泡を連行したコンクリートはコンシステンシーが改良され、PC鋼より線周縁へのコンクリートの充填状態が改善さ、付着状態が向上したためと推察されます．設計上考慮しているプレストレスの有効率65%を、空気量4.5%―400kgf/cm²のケースおよび4.5%―450kgf/cm²のケースは上回っており設計条件を満足します．なお、試験結果は製作直後および材令24時間での測定結果であり、供試体2本の平均値です．また、コンクリートの圧縮強度の表示は、試験当時のMKS単位系で行ってます．

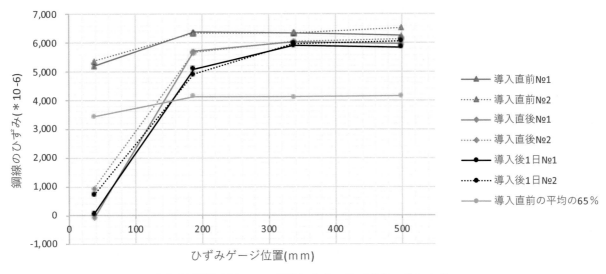

(a) 空気量 2% － σck 350kgf／cm²－φ2.9㎜ 3本より

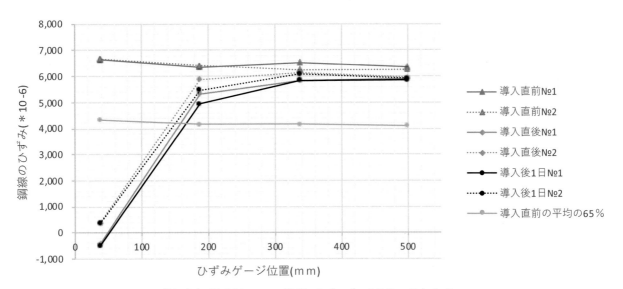

(b) 空気量 2% － σck 400kgf／cm²－φ2.9㎜ 3本より

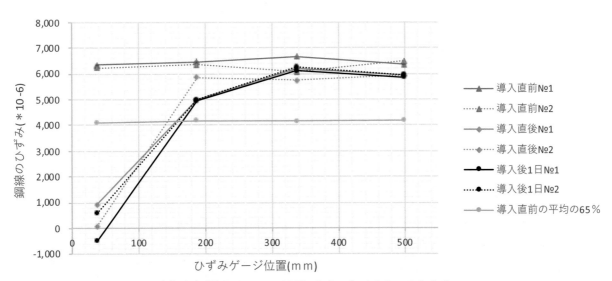

(c) 空気量 2% － σck 450kgf／cm²－φ2.9㎜ 3本より

図 6.16-1　空気量 2%・φ2.9mmPC 鋼より線の定着状況

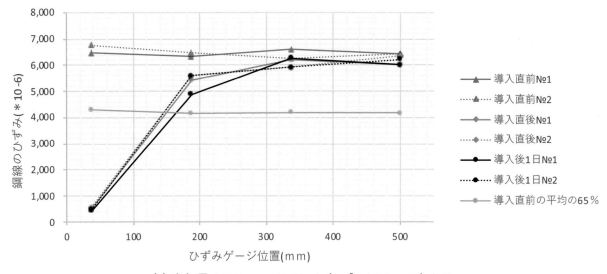

(a) 空気量 4.5％ － σ_{ck} 350kgf／cm²－ ϕ 2.9㎜ 3本より

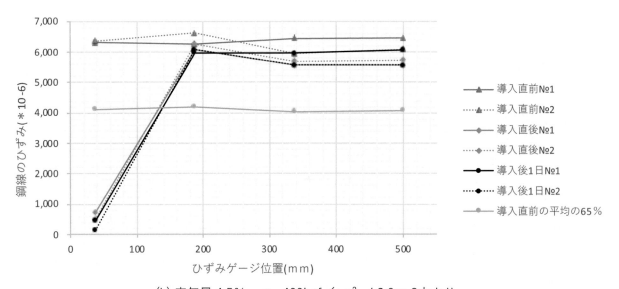

(b) 空気量 4.5％ － σ_{ck} 400kgf／cm²－ ϕ 2.9㎜ 3本より

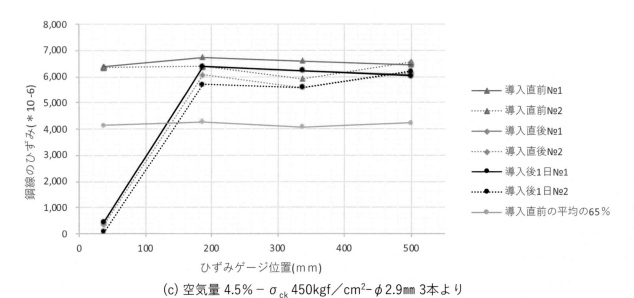

(c) 空気量 4.5％ － σ_{ck} 450kgf／cm²－ ϕ 2.9㎜ 3本より

図 6.16-2　空気量 4.5％・ ϕ 2.9㎜PC 鋼より線の定着状況

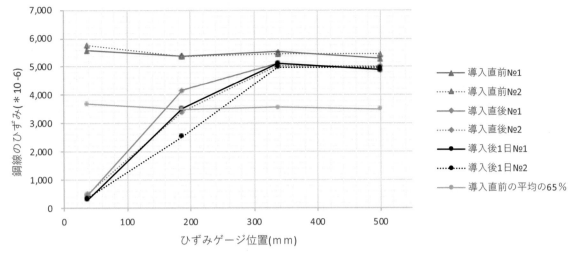

(a) 空気量 2％ － σ_{ck} 400kgf／cm²－ ϕ 6.2mm

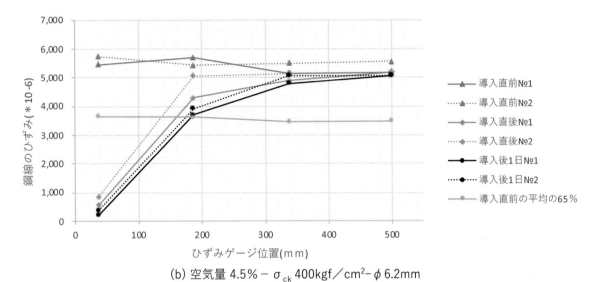

(b) 空気量 4.5％ － σ_{ck} 400kgf／cm²－ ϕ 6.2mm

図 6.16-3　 ϕ 6.2mm鋼より線の定着状況

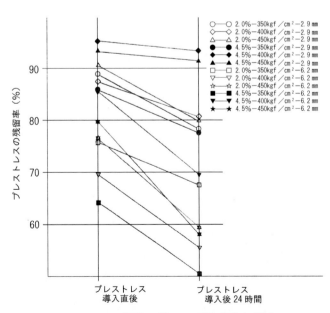

図 6.17　PC 鋼より線のひずみ変化の比率

PC 鋼より線 2.9mm −空気量 2%（練り混ぜ時に自然に混入する空気量）−400kgf/cm² と PC 鋼より線 2.9mm −空気量 4%（AE コンクリート）−400kgf/cm² との供試体について**図 6.18** に示す方法により 200 万回の繰返し試験を実施しました．載荷荷重は下限を 0.5tf，上限を 5.0tf としました．測点 3 の繰返し試験結果を**図 6.19** に示します．PC 鋼より線のひずみ変化は、2% の空気量の供試体で約 240 × 10⁻⁶ の減少、4% の空気量の供試体で約 280 × 10⁻⁶ の減少の結果が得られました．これをプレストレス導入後 24 時間の 2%-400kgf、4.5%-400kgf とのひずみ量と比較すると、4% 程度および 5% 程度の減少となり、PC まくらぎに空気量 4.5% 程度の AE コンクリートを使用しても PC 鋼より線とコンクリートとの付着には問題ないと判断されました．なお、繰返し試験が終了後、重錘落下による衝撃試験を行い、衝撃的荷重に対しても付着力を有していることを確認しました．

　以上の試験結果を基に、プレテンション方式 PC まくらぎに 4.5 ± 1.0% の AE コンクリートの使用が可能であると判断されました．この結果を反映して、プレテンション方式での PC まくらぎ製作に AE コンクリートの使用が JIS E 1201 制定時の 1997 年より認可されました．

　以後、凍害による損傷の発生はほとんどなくなったようです．

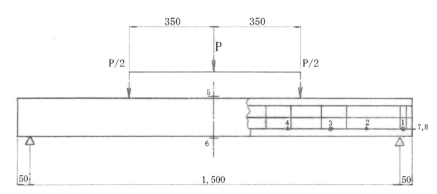

図 6.18　疲労試験方法とひずみ測定位置

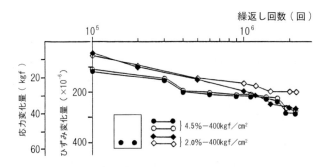

図 6.19　繰返し試験結果（2.0%-400kgf、4.5%-400kgf）

6.5.4　埋込カラー内水の凍結

　継目用まくらぎには埋込カラーが使用されています．埋込カラーは T ボルトを挿入し、ボルトを 90°回転させる空間を確保するために密閉された箱状のものです．他形式のまくらぎと異なり、この空間には排水孔が確保されていないため、敷設後埋込カラー内に止水油を填充するのが基本となっています．しかしながら、継目用まくらぎはレールが定尺の区間では 1 箇所 /25m で使用されるため、止水油の填充を忘れたり、また、補給を忘れた状態が多く発生します．結果、雨水が浸入し、寒冷地ではカラー内の水分が凍結・膨張

し、膨張圧でまくらぎ下面を下方に破壊させる重大な損傷を発生させる原因となります．止水油の塡充・補充には十分注意する必要があります．**図6.20**にカラー内水分が凍結・膨張して損傷した例のスケッチを、**図6.21**に埋込カラー内水分が凍結・膨張して損傷した例の写真を示します．なお、この損傷は埋込カラー内に止水油（エステル類およびグリコール類を主成分とする非鉱油系液体）の注入を忘れたのが原因で、止水油の充塡と補充が行われれば、回避できる損傷です．

　同様に、直結8型用埋込栓を使用する場合も埋込栓底部が閉鎖されているので、凍結・膨張による損傷が発生する可能性が考えられるので、注意を要します．

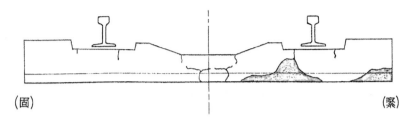

（固）　　　　　　　　　　　　　　　　　　　　　　　（緊）

図6.20　カラー内水分の凍結・膨張による破壊例

図6.21　埋込カラー内水分が凍結・膨張しての損傷例

6.5.5　断面欠損

　断面欠損が発生する要因は、工場内での運搬・荷卸し時、現地内運搬時および敷設時の取扱い時が敷設前では考えられます．敷設後では保守時のマルチプルタイタンパの突固めツール等の衝撃が考えられます．PCまくらぎは工場製品であるので出荷前には工場内検査が実施されるので、断面欠損のある製品が出荷される可能性は非常に稀です．コンクリートは衝撃力に対しては脆いため、衝撃力が加わると断面欠損が発生します．

　PCまくらぎに発生する断面欠損は発生部位と深さ・幅の規模により、製作方法により、すなわちプレストレスの導入方法により影響が相違します．

　次の断面欠損には十分注意する必要があります．

①欠損でPC鋼材が露出する断面欠損
②ポストテンション方式での支圧板が露出する断面欠損

図6.22　断面欠損（軽度）の例

軽度の断面欠損の例を**図6.22**に、健全度判定の考え方を**表6.7**に示します．

表 6.7　健全度判定の考え方

健全度	まくらぎの状態	欠損の程度	措置
A	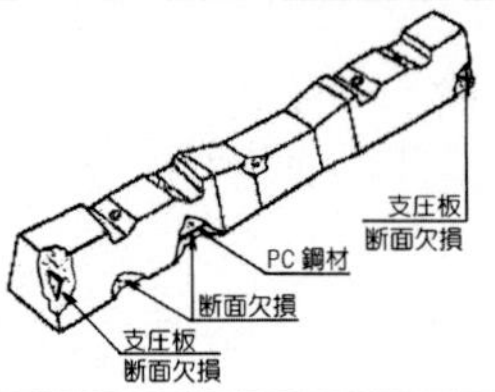	重	交換する。 メモ：PC鋼材の露出、支圧板の露出があるとPC鋼材が発生し、破断へと進展する。
B	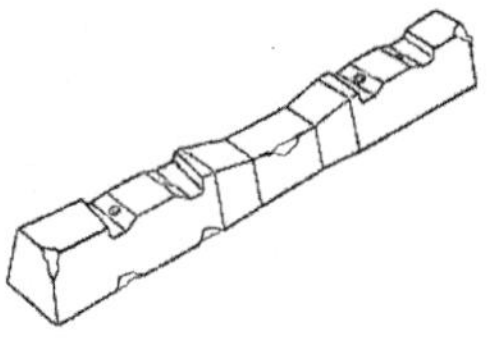	中	断面欠損部にマークし、錆汁の有無を看視する。 メモ：断面欠損がPC鋼材付近で発生した場合、鋼材のかぶりが減少するため、鋼材が腐食する可能性が考えられるため、看視する。
C	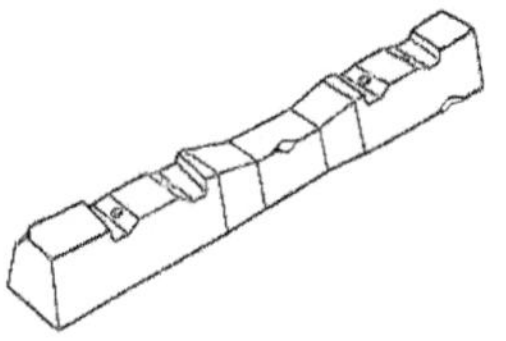	軽	時々看視し、錆汁の有無を確認する。 メモ：小規模の断面欠損のため、鋼材腐食の可能性は小さいと考えられるが、時々看視する。
S			

6.5.6　端部剥落

　端部剥落はポストテンション方式PCまくらぎにのみ発生する特有の損傷で、支圧板を境界に鉛直方向にひび割れが発生し、端部コンクリートが剥落する損傷です.

　具体的には、つぎのような場合です.

①直結軌道での敷設時に**図6.23**のように間隔材の端部に何らかの原因で高さ調整用コンクリートが流入・硬化し、列車荷重作用時にまくらぎの支点として作用した場合

②寒冷地のバラスト軌道区間で**図6.24**のように排水不良区間でバラスト道床の一部が凍結・凍上し、列車荷重作用時に凍結部分が支点として作用した場合

③一部のバラスト軌道区間で、**図6.25**のように支圧板のかぶり不足が起因となり支圧板が発錆・膨張した場合

④一部のトンネル区間で塩分を含んだ漏水がコンクリート中に浸透したの影響で、支圧板が発錆・膨張した場合

　直結軌道では軌道の高さ調整コンクリートでPCまくらぎ端部部分が覆われるため、PCまくらぎ端部底面下に調整コンクリートの流入の恐れがあり、流入の有無の確認が困難です. 流入コンクリートがあると列車荷重作用時に支点として作用し、ひび割れが発生して発見される損傷です. しかしながら、現在は端部も流入防止用カバーで覆われるためこの損傷の発生は、回避されるようになりました.

　寒冷地のバラスト道床の場合で、排水不良区間では凍結が開始する初期にはPCまくらぎ端部が凍結により凍上し、この部分が列車荷重作用時に支点となって発生する損傷です. しかも積雪があるとひび割れの発見が翌春まで遅れる損傷です.

　バラスト道床中は常に湿潤状態にあり、支圧板のかぶりが小さいと支圧板下部から発錆し、錆の膨張圧でコンクリートと支圧板との付着切れが発生し、支圧板面を境界として剥落する現象です. バラスト中にあるため初期状態は発見が困難な損傷です.

地下部分等の一部のトンネル区間では塩分を含んだ漏水が PC まくらぎ中に浸透し、支圧板を発錆させて生じる損傷です．これの対策は漏水を止水する必要があり、大規模な対策が必要となります．

健全度判定の考え方を**表 6.8** に示す．

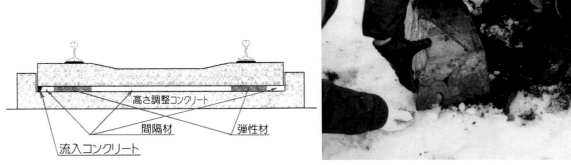

図 6.23　弾性直結軌道での高さ調整コンクリートの流入例　　**図 6.24　凍結・硬化による端部損傷例**

図 6.25　支圧板のかぶり不足の例

表 6.8　健全度判定の考え方

健全度	まくらぎの状態	端部剥落の程度	措置
A		重	交換する。 メモ：PC鋼棒の固定部に雨水が浸透し、発錆・破断し、曲げひび割れと発達する。
B			
C			
S			

6.5.7　ショルダー部

ショルダー部の損傷は、ショルダー部が水平方向にせん断破壊的に破壊する現象です．近年、施工基面幅縮減、あるいはトンネル断面縮小のため、PC まくらぎ長さを 5~10cm 程度短くする傾向にあります．この場合、ショルダー部の補強を行わないと著大横圧が作した場合、ショルダー部がせん断破壊を起こす可能性が考えられます．ショルダー部補強の比較的困難なポストテンション方式 PC まくらぎに発生数が多い傾向があります．

健全度判定の考え方を**表 6.9**に示します.

表 6.9　健全度判定の考え方

健全度	ま く ら ぎ の 状 態	ひび割れ幅	措　　　置
A		ひび割れ幅 W≧ 0.5mm	交換する。 メモ：せん断破壊を発生させる可能性が考えられるので、早めの交換が望ましい。
B		ひび割れ幅 0.5＞W≧ 0.2mm	ひび割れにマークし、定期的にひび割れ幅、長さの変化を看視する。 メモ：目視観察が可能となるので、ひび割れの拡幅・伸長を看視する。
C		ひび割れ幅 0.2＞W≧ 0.05mm	時々看視してひび割れ幅、長さの変化を看視する メモ：ヘアークラック程度であり、ひび割れの看視には指示薬の使用を要する。
S		ひび割れはなし	

6.5.8　埋込栓の破断および機能喪失

　埋込栓方式の PC まくらぎに発生する損傷です．埋込栓の破断および締結機能喪失は、材料劣化のために中間で破断する損傷であり、機能喪失は内部のねじ山の損傷や締結ボルトを錆による固結状態で緩解時の捻りによる中途破断による状態です．埋込栓の途中破断が発生するとレールの小返り量の増加や軌間拡大が発生し、重大事故に繋がる危険性が考えられます．埋込栓の状況は締結ばね下にあり、徒歩巡回時に状態を観察するのは困難ですが、レール交換時は締結装置を解放するので埋込栓の状況を観察することが可能となります．埋込栓が破断した状態を**図 6.26**に示します.

図 6.26　埋込栓のコンクリート中での破断例

　埋込栓の損傷については、破断に対しては材質をビニロン繊維補強不飽和ポリエステルからガラス繊維補強ナイロン 66 に変更することにより、締結ボルトの固結に対してはボルトの締付け時にボルト表面に不乾燥性防錆油を塗布することにより対処・防止できます．

　健全度判定の考え方を**表** 6.10 に示します．

表 6.10　健全度判定の考え方

健全度	まくらぎ の 状態 平面	まくらぎ の 状態 側面	ひび割れ幅	措　　置
A			ひび割れ幅 W ≧ 1.0mm	まくらぎ交換、または埋込栓交換工事の施工。 メモ：埋込栓が 3〜5 mm程度浮き上がり、周縁に同心円状のひび割れおよび放射状のひび割れが発生
B			ひび割れ幅 1.0＞ W ≧ 0.2mm	まくらぎにマークし、定期的にひび割れ状況、埋込栓の浮き上がりを看視する。 メモ：埋込栓が 2〜3 mm程度浮き上がり、周縁に同心円状および放射状のひび割れが発生
C			ひび割れ幅 0.2＞ W ≧ 0.05mm	まくらぎにマークし、定期的にひび割れ状況、埋込栓の浮き上がりを看視する。 メモ：ヘアークラック程度で、製作時に熱膨張率の相違に起因するひび割れと区分が困難である。
S			ひび割れはなし	

6.5.9　すり減り

　まくらぎのすり減りはバラスト道床軌道に発生する損傷です．この原因は、

　①列車荷重作用時の上下変位によるバラストとの摩擦による断面減少

　②振動締固め時のタンピングツールの振動によるバラストとの振動による断面減少

が考えられます．

　断面減少が発生すると支持面積の減少、断面が丸みを帯びるためバラストの側方流動が発生し、軌道変位の原因となります．また、断面減少が発生するとプレテンション方式の場合は PC 鋼より材の露出・発錆・破断、あるいはかぶり減少による PC 鋼より線の付着力の減少、ポストテンション方式の場合は PC 鋼棒の露出・発錆・破断、またはかぶりが減少し発錆・破断に進行し、あるいは支圧板の露出・発錆による PC 鋼棒の発錆・破断が発生し、曲げひび割れ発生の原因となる可能性があります．**図** 6.27 にプレテンション方式 7 号の底面のすり減り状態の例を示します．

図 6.27　プレテンション方式 7 号の底面のすり減り状態の例

すり減りによる損傷はバラストを掻き出すか、撤去しなければ観察できない損傷です．したがって、サンプルまくらぎを決め、一定通トンごとに直接観察するのがよいと考えらます．健全度判定の考え方を PC まくらぎのレール下を例に**表 6.11** に示します．

表 6.11　健全度判定の考え方（レール下断面）

健全度	まくらぎの状態	摩耗の程度	措置
A		重	交換する。 メモ：PC鋼材の露出、支圧板の露出があるとPC鋼材が発生し、破断へと進展する。
B		中	断面高さを測定し、かぶりの減少量を看視する。 メモ：摩耗がPC鋼材付近で発生した場合、鋼材のかぶりが減少するため、鋼材が腐食する可能性が考えられるため、かぶりの減少量を看視する。
C		軽	時々看視し、底面の摩耗の有無を看視する。 メモ：小規模の断面欠損のため、鋼材腐食の可能性は小さいと考えられるが、時々看視する。

最近の調査研究によると PC まくらぎの摩耗形態を均一摩耗型、片側摩耗型、レール下摩耗型、両端摩耗型および欠損型の 5 つの形態に分類され、**図 6.28** に累積通過トン数と摩耗形態の分類と経年ごとの摩耗形態の分類（転載許諾 土学総第 17252 号）を、**図 6.29** に最大摩耗量と累積通過トン数および最大摩耗量と経年

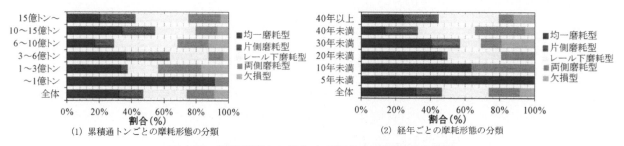

図 6.28　累積通過トン数および経年と摩耗形態の分類

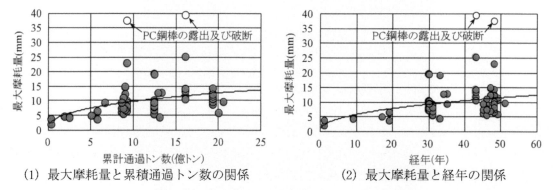

図 6.29　累積通過トン数および経年と最大摩耗量

の関係(鉄道総研 転載許諾 2017 年 11 月 2 日付)を示します[6-4]. **図 6.28** によると均一摩耗型は累積通過トン数 1 億トン未満では 90% 程度、経年では 5 年未満で 100% となり、その後通過トン数の増加および経年とともに両側摩耗やレール下摩耗が増加し始め、通過トン数 15 億トン以上では欠損型の形態を除いて近似した発生率となり、経年が 40 年以上となるとレール下摩耗型が多くなる傾向が見受けられます.

図 6.29 によると最大摩耗量は累積通過トン数に比例して増加する傾向が見られ、概ね 30mm 程度と考えられます. 最大摩耗量と経年の関係は、経年数の増加とともに増加する傾向にあり、概ね 30 年で 5~10mm 程度となり、まくらぎ 1 本中での一部の部位で 20mm 程度となり、50 年では 5~15mm 程度、一部の部位では 30~40mm 程度となることが判明しました[6-5].

6.5.10 後埋め部の欠落

後埋め部の欠落は、ポストテンション方式 PC まくらぎ特有の損傷です. ポストテンション方式の場合は使用コンクリートの硬化後型わくを撤去し、コンクリートのプレストレス導入強度が満足された時点で PC 鋼棒を緊張し所要伸びを確認後、ナットで固定してプレストレスを導入して製作されます. 製作時に固定側(ヘッディング側)と、緊張側は緊張ジャッキの PC 鋼棒の掴み代確保のために凹部(通称：ダボといい、以下ダボという) を設ます. このダボに PC 鋼棒の緊張後、無収縮で固練りのポリマーセメントモルタルをタンピングして詰め込みます. ダボ用の型わくには剥離剤を塗布するため、僅かですがダボの表面に剥離剤が残留する場合があり、またダボ型わくの平滑な表面、モルタルの乾燥収縮、等の影響が考えられ、接着剤を噴霧してもモルタルの付着を阻害する場合があります. これが原因となって充填モルタルが欠落する損傷が発生します. また、接着剤の選択には十分注意する必要があります. なお、ダボの水密性を向上させるため、PC まくらぎの端面にポリマーセメントモルタルを塗布するのが現状です.

後埋め部の欠落は、固定側のダボで発生し易い傾向があります. 緊張側は PC 鋼棒がダボの中心にあり、モルタルとの付着が確保されるため、通常は発生しにくい現象です.

対策として現状は、凹面の清掃、接着剤の塗布の実施を採用しています. しかし、完全でなく、凹面を機械的に粗面に加工する方法が考えられますが、製作工程数の増加に伴うコスト増により、実現は困難と思われます. **図 6.30** に後埋め部の欠落の例を示します. 健全度判定の考え方を**表 6.12** に示します.

図 6.30 後埋め部の欠落の例

6.5.11 レール座面の圧壊

レール座面の圧縮破壊(以下、圧壊という)は、まくらぎの直上で車輪の空転が発生するのが原因であり、車輪の空転による著大な衝撃的な輪重が作用した場合に発生する損傷です. PC まくらぎの製作行程あるいは敷設作業上に欠陥がないため、防ぎようがない損傷です.

レール座面の圧壊は、レール座面が圧壊され、レール締結機能も同時に失われます. PC まくらぎ損傷の形態は、発生路線あるいは発生位置に関係なく損傷形態はほぼ同一です.

健全度判定の考え方を**表 6.13** に示します.

表 6.12　健全度判定の考え方

健全度	まくらぎ の 状 態 端 面	まくらぎ の 状 態 側 面	後埋モルタルの状態	措　置
A			突出し、錆汁が観察される	交換する。 メモ：モルタルが突出し、ダボ穴から錆汁が流出する状態は支圧板の露出・発錆、PC鋼棒の発錆が考えられる。
B			突出	定期的に突出状態を看視する。 メモ：モルタルは突出しているが、支圧板やPC鋼棒には発錆は認められない。
C			ダボ周りにひび割れ発生	時々看視してひび割れ、長さの変化を看視する メモ：ダボ周縁にひび割れが部分的に発生しし始める。
S				

表 6.13　健全度判定の考え方

健全度	まくらぎ の 状 態	圧壊の程度	措　置
A		有	交換する。 メモ：レール座面が圧壊のため、レールの締結、位置確保が困難なる。
B			
C			
S			

6.5.12　錆汁

　プレテンション方式のPC鋼より線および補強筋（スターラップ筋）等の発錆、ポストテンション方式のセメントミルクグラウト方式による場合はPC鋼棒および支圧板の発錆、アンボンド方式による場合では支圧板の発錆が原因と推定される.

　錆汁は曲げひび割れ、断面欠損あるいは端部欠落のように主因となる損傷が発生し、PC鋼材、スターラップ筋等あるいは支圧板が錆びてひび割れ等から流出してコンクリート面を汚染された結果であり、主因となる損傷等に対して対策を講じる必要があると考えられます.

　健全度判定の考え方は、主因の判定の考え方により判定すればよいと考えられます.

6.6　実物大供試体による縦および亀甲状ひび割れ再現試験

　昭和 59 年 4 月に NHK で「コンクリートクライシス」と題して塩害、アルカリシリカ反応等によるコンクリートの早期劣化問題が報道されました．また、コンクリートに関する専門誌に大阪市中之島公園の車止めブロックに発生したひび割れがアルカリシリカ反応によるものと発表されました．筆者が撮影したひび割れ状態を**図 6.31**に示します．

　コンクリートの劣化問題、特にアルカリシリカ反応によるひび割れの形態が PC まくらぎ端部の亀甲状のひび割れと酷似していると考えられ、PC まくらぎの縦および亀甲状のひび割れもアルカリシリカ反応が原因ではないかと疑われるようになりました．また、**表 6.5.4** に示した粗骨材の X 線粉末回折による分析結果からもアルカリシリカ反応が疑われる鉱物が含まれていました．

　そこで、反応性が疑われる鉱物質がアルカリシリカ反応によるひび割れの発生に関与しているかを確認するために再現試験が、昭和 60 年 9 月から 61 年 9 月に掛けて PC マクラギ工業会（以下、工業会）において実施されています．しかしながら、この貴重な試験結果の成果は工業

図 6.31　車止めに発生したひび割れ

会の内部資料としてのみ活用されていました．この「お話 PC まくらぎ」を著すに際して工業会の認可をいただき、世に出させていただきます．なお、再現試験で使用した粗骨材は**表 6.5** に示した骨材が採用されました．

縦および亀甲状ひびわれの原因解明試験試験報告

1. まえがき

　PC まくらぎに発生する縦および亀甲状の異常なひび割れについては、これまで種々の解明試験が行われてきたが、確定的な原因の解明には至っていないのが現状である．しかしながら、このひび割れはアルカリシリカ反応（以下、ASR という）に起因する膨張ひび割れともひびわれ形状が酷似している．したがって、再現試験では明らかに ASR を起こすことが確認されている骨材を使用して供試まくらぎを製作し、発生するひび割れの形態を比較し、原因を究明する再現試験を行った．また、過去に同種のひび割れが発生した粗骨材についても同様に試験をした．

2. 試験内容

　試験の内容は、目的に沿ってセメントのアルカリ度と骨材の石質の 2 つの要因につき**表1**に示すような組合せとし、供試体としてはプレテンション方式による 6 号まくらぎを使用した．セメントのアルカリ度（R_2O）は 0.5% を基本とし、最大 2.0% になるように NaOH と KOH によりセメントの成分組成に従って添加調整した．セメントとしては R_2O 量が 0.5% の早強セメントと高炉セメント B 種を使用した．

　粗骨材としては ASR を起こすといわれる瀬戸内海の豊島産のもの、無反応といわれる八王子産のもの、これまで PC 構造物でひび割れの発生したことのある A 砕石、B 砕石、C 砕石の 5 種類を選択した．

　細骨材には全部共通とし、無反応の八王子産の砕砂を使用した．使用するコンクリートの配合は、一般的に PC まくらぎの製作に採用されているものを準用して、**表1**に示す 19 種類とし、各試験条件で 3 本ずつの供試体を製作した．コンクリートの練混ぜは 100 ℓ 練りのミキサにより 1 本ずつ練り混ぜて製作した．

　供試まくらぎは通常の蒸気養生を行った後脱型し、プレストレスを導入後あとで長さ変化を測定するためのコンタクトゲージ用標点をまくらぎ軸方向および同軸に直角方向にまくらぎ中央部、レール座面の中央部およびショルダー部（端部より 150mm の位置）に 6 測点を設置し、促進養生を開始した．促進試験は 40℃、湿度 100% を目標に仮設の養生槽を設けて蒸気を通気し、工場の休止日を除いて午前 8 時から午後 8 時まで湿潤養生を行った．

表1　供試まくらぎの製作条件

骨材産地 ＼ アルカリ量	アルカリ量 R_2O							混入率 (%)
	高炉B	≦ 0.5	0.6	0.8	1.0	1.4	2.0	
豊島　輝石安山岩	◎	○	○	○	○	◎	○	60
八王子　砂岩				○		◎	○	100
A ： 砂岩 他			○			◎	○	100
B ： 花崗岩 他			○			◎	○	100
C ： 閃緑岩 他			○			◎	○	100

注）$R_2O = Na_2O + (0.658 \times K_2O)$ で換算した値
　　セメント中のアルカリ量は、使用セメントを化学分析し含有アルカリ量を確認し、Na_2O および K_2O の構成率で NaOH および KOH で調整し、上記値とした。
　　混入率とは、表中左記骨材の全量に対する混入率である。なお、残量は無反応骨材を使用した。
　　無反応骨材は、八王子砂岩を使用した。
　　高炉Bは、高炉セメントB種を表す。
　　○印はまくらぎ供試体を、◎印はまくらぎ供試体と円柱供試体の長さ変化を測定した。

3. 使用材料

　使用材料のうちセメントは早強セメントと高炉セメント B 種とを使用し、その品質は**表2**のとおりであ

り、セメント中のアルカリ度の分析結果を**表3**に示す．使用混和剤は、ポゾリス物産の NL-4000 で、品質は**表4**のとおりであり、練り混ぜに使用した水は地下水である．

表2　使用セメントの試験成績表

種　類＼試験項目	比重	比表面積	凝　結			安定性	圧縮強さ（kgf／cm²）				酸化マグネシウム	三酸化硫黄	強熱減量
			水量	始発	終結		1 d	3 d	7 d	28 d			
		(cm³／g)	(%)	(h－m)	(h－m)						(%)	(%)	(%)
早強ポルトランドセメント	3.14		29.4	2-33	3-50	良	151	282	413	524	1.3	2.6	0.9
JIS R 5210	－	3,300以上	－	45m以上	10h以下	良	65以上	130以上	230以上	330以上	5.0以下	3.5以下	3.0以下
高炉セメントB種	3.04		30.2	2-56	4-55	良	－	126	214	422	4.3	2.3	0.3
JIS R 5211	－		－	60m以上	10h以下	良	－	60以上	120以上	200以上	6.0以下	4.0以下	3.0以下

表3　使用セメントのアルカリ度の分析結果

セメント種別＼換算値		Na_2O	K_2O		R_2O
			K_2O	$K_2O*0.658$	
早強セメント	1回目	0.31	0.28	0.18	0.49
	2回目	0.30	0.30	0.20	0.50
	平均値	0.31	0.29	0.19	0.50
高炉セメントB種	1回目	0.32	0.35	0.23	0.55
	2回目	0.30	0.37	0.24	0.54
	平均値	0.31	0.36	0.24	0.55

注）単位は%

分析は国鉄鉄道技術研究所で実施

表4　混和剤（NL-4000）の物理的性質

検査項目＼分類		規格値	平均値	ロッド最大値	ロッド最小値
比　重(21℃)		1.14－1.12	1.132	1.134	1.130
P　H(21℃)		8.5－6.5	7.4	7.6	7.1
モルタルテスト	フロー(%)	基準値±10	-1	2	-3
	空気量(%)	基準値±2	0.1	0.3	-0.2

注）特記事項：標準資料を用いて試験を行った値を基準値とする。

基準値：フロー＝196mm、空気量＝3.4%

　セメント中の R_2O 量を調整するため、NaOH の粒状品と KOH の粒状品を使用し、試薬一級品の 500g 瓶詰めのものを使用した．

　使用粗骨材は、

　　豊　島：砕石　輝石安山岩（香川県豊島産）

　　八王子：砕石　砂岩（東京都八王子産）

　　A 砕石：砂岩 他

　　B 砕石：花崗岩 他

　　C 砕石：角閃岩 他

であり、品質は**表5**および**図1**のとおりである．

　使用細骨材は全試験共通に八王子産の砕砂を使用し、粒度分布は**図1**に示すとおりであり、石質は粗骨材と同じであり物理的性質は**表5**のとおりである．粒度分布を**図1**に、化学法による骨材の有害度判定結果を**図2**に示す．

表5　使用骨材の物理的性質

	試験項目	単位	規格値	八王子産砂岩	A:砂岩他	B:花崗岩他	C:角閃岩他
粗骨材	比　重	－	2.5 以上	2.67	2.75	2.72	2.53
	吸 水 率	%	3　以下	0.366	1.24	0.83	2.73
	粗 粒 率	－	－	6.76	6.59	6.65	6.68
	単位容積重量	kg／m²	1,420〜1,830	1,560	1,666	1,640	1,600
	実 績 率	%	55　以上	53.6		39.6	63.2
	洗 い 試 験	%	1.5 以下	0.13	0.95	0.8	0.5
	粘土塊量	%	0.25 以下	0.14	0.01	0	0.3
	有機不純物	－	－	－		－	合格
	安定性試験	%	12　以下	0.16		－	3.3
	比重1.95に浮く粒子	%	1　以下	0		0	0.3
	すり減り減量	%	40　以下	10.3		－	－
	軟石量試験	%	5　以下	1.6		－	－
細骨材	比　重	－	2.5 以上	2.59			
	吸 水 率	%	3　以下	1.53			
	粗 粒 率	－	－	2.83			
	単位容積重量	kg／m²	1,500〜1,860	1,720			
	実 績 率	%	60〜70	66.3			
	洗 い 試 験	%	5　以下	4.1			
	粘土塊量	%	1　以下	0.52			
	有機不純物	－	薄い	薄い			
	安定性試験	%	10　以下	7.7			
	比重1.95に浮く粒子	%	1　以下	0			
	すり減り減量	%	－	－			
	軟石量試験	%	－	－			

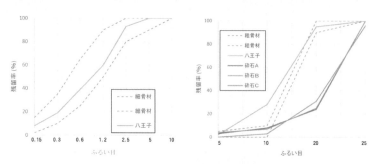

図1　使用骨材の粒度分布

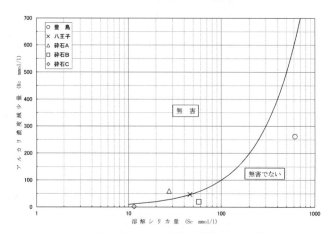

図2　化学法による骨材の有害度判定結果

4．コンクリートの配合、養生および圧縮強度

　使用コンクリートの配合を**表6**に示す．セメント中のR₂O量の調整方法は**表7**に示すように試験要因の水準量となるように NaOH および KOH の試薬を計量し、練り混ぜ水に溶融させて練り混ぜた．使用材料の

計量は前日に行い、準備を行った.

製作状況を**写真1~3**に示す．製作工程を**表8**に示す．コンクリートの打込み後の養生は最高温度を50℃として通常と同様に行い、約20時間で脱型した．ただし、高炉セメント使用の供試体は強度発現が遅いため、導入強度に達するには7日間を要した．

プレストレス導入時および標準養生材令28日の圧縮強度を**表9**に示す．

5．促進養生

試験目的はASRによると想定されるひび割れの再現である．敷設現場では敷設後5~6年経過後縦および亀甲状ひび割れは発生する現象である．したがって、ASRによるひび割れの発生を促進するため、仮設養生

表6　骨材種別、セメント種別示方配合

配合名	スランプの範囲（ｃｍ）	空気量の範囲（%）	水セメント比 W／C（%）	細骨材率 s／a（%）	単　位　量（kg／m²）					
					水 W	セメント C	細骨材 S	粗骨材 G		混和剤 NL4000
豊 島					150	455	710	654	439*2	13.37
八王子					150	455	710	1,098		13.37
A砕石	4±1.5	2±1	33	40	150	455	710	1,233		13.37
B砕石					150	455	710	1,130		13.37
C砕石					150	455	710	1,110		13.37
高 炉					150	455*1	705	649	436*2	13.37

注）　1．高炉セメントB種
　　　2．八王子産砕石で調整

表7　セメント中のR2O量の調整方法（Na2O と K2O との含有比による）

1．オリジナルセメント中のアルカリ含有率			0.6 %		0.8 %	1.0 %	1.4 %	2.0 %
（1）Na$_2$O	a =		0.32	%	0.32	0.32	0.32	0.32
（2）K$_2$O	b =		0.29	%	0.29	0.29	0.29	0.29
（3）K$_2$O換算	c =		0.19	%	0.19	0.19	0.19	0.19
（4）Σ（a+c）	d =		0.51	%	0.51	0.51	0.51	0.51
（5）Na$_2$Oと換算K$_2$Oの含有比								
Na$_2$O	e =a／d		0.63		0.63	0.63	0.63	0.63
K$_2$O換算	f =c／d		0.37		0.37	0.37	0.37	0.37
2．添加アルカリ								
（1）調整のR$_2$O	g =		0.60	%	0.80	1.00	1.40	2.00
（2）添加すべきR$_2$O	h =g-d =		0.09	%	0.29	0.49	0.89	1.49
3．添加アルカリの配分								
（1）使用セメント量	i =		455	kg	455	455	455	455
（2）オリジナルセメント中のR$_2$O								
Na$_2$O	J= i＊a／100		1.46	kg	1.46	1.46	1.46	1.46
K$_2$O	k= i＊b／100		1.32	kg	1.32	1.32	1.32	1.32
K$_2$O換算	l = i＊c／100		0.87	kg	0.87	0.87	0.87	0.87
Σ（j+l）	m=		2.32	kg	2.32	2.32	2.32	2.32
（3）調整後合計 R$_2$O	n= i＊g／100		2.73	kg	3.64	4.55	6.37	9.10
（4）添加R$_2$O量	o = i＊h／100		0.41	kg	1.32	2.23	4.05	6.78
（5）アルカリ配分量								
Na$_2$O	P =o＊e		0.25	kg	0.82	1.39	2.53	4.24
K$_2$O換算	Q =o＊f		0.15	kg	0.49	0.83	1.51	2.53
4．添加アルカリの種類と量								
（1）NaOHの添加量								
x =（2NaOH／Na$_2$O）＊P			0.33	kg	1.06	1.80	3.27	5.48
（2）KOHの添加量								
y=（2KOH／Na$_2$O）＊Q			0.27	kg	0.89	1.50	2.74	4.58
5．1バッチ（80ℓ）当たり								
NaOH			26.2	g	85.1	143.9	261.6	438.0
KOH			21.9	g	71.2	120.4	218.8	366.5

表8 製作工程とひび割れ発見養生材令

骨材種別	セメント種別	R_2O量	1日目(年月日)	2日目	3日目	4日目	5日目	6日目	7日目	8日目	9日目	・	・	ひび割れ発見養生材令
豊島砕石	早強	0.5	打込 1985. 9.18	導入	養生	・	・	・	・	・	・	・	・	発生なし(390日)
		0.6	打込 1985. 9.18	導入	養生	・	・	・	・	・	・	・	・	発生なし(390日)
		0.8	打込 1985. 9.18	導入	養生	・	・	・	・	・	・	・	・	発生なし(390日)
		1.0	打込 1985. 9.26	導入	養生	・	・	・	・	・	・	・	・	発生なし(390日)
		1.4	打込 1985. 9.26	導入	養生	・	・	・	・	・	・	・	・	244日目
		2.0	打込 1985. 9.26	導入	養生	・	・	・	・	・	・	・	・	27日目
	高炉B		打込 1985. 9.20	・	・	・	・	・	・	導入	養生			発生なし(382日)
八王子砂岩	早強	0.8	打込 1985. 9.14	・	導入	養生	・	・	・	・	・	・	・	発生なし(393日)
		1.4	打込 1985. 9.14	・	導入	養生	・	・	・	・	・	・	・	発生なし(393日)
		2.0	打込 1985. 9.14	・	導入	養生	・	・	・	・	・	・	・	101日目
A砕石	早強	0.6	打込 1985. 9. 7	・	導入	養生	・	・	・	・	・	・	・	発生なし(400日)
		1.4	打込 1985. 9. 7	・	導入	養生	・	・	・	・	・	・	・	150日目
		2.0	打込 1985. 9. 7	・	導入	養生	・	・	・	・	・	・	・	87日目
B砕石	早強	0.6	打込 1985. 9.10	導入	養生	・	・	・	・	・	・	・	・	発生なし(398日)
		1.4	打込 1985. 9.10	導入	養生	・	・	・	・	・	・	・	・	148日目
		2.0	打込 1985. 9.10	導入	養生	・	・	・	・	・	・	・	・	71日目
C砕石	早強	0.6	打込 1985. 9.12	導入	養生	・	・	・	・	・	・	・	・	発生なし(396日)
		1.4	打込 1985. 9.12	導入	養生	・	・	・	・	・	・	・	・	139日目
		2.0	打込 1985. 9.12	導入	養生	・	・	・	・	・	・	・	・	76日目

槽を設置し、室温 40℃、湿度 100% の雰囲気を水蒸気を通して設け、**写真4** に示すように床上 30cm 程度の高さに平面状に並べて実施した．通気時間は工場の休止日以外、午前 8 時から午後 8 時まで行った．

試験開始後 230 日まで仮設養生槽で湿潤養生を行い、その後は各試験条件別に各種 1 本ずつ選出して屋外に設置し、乾湿の繰返しを受ける暴露試験を継続した．

6. 観測と測定

観測、測定は促進養生開始後、1 週間は毎日行い、以後は毎週金曜日に行った．長さ変化測定は各種 1 本でまくらぎ中央部、レール位置部、端部に測長 10cm で軸方向、軸直角方向に設けた標点間を 1/1,000 ダイヤル付きコンタクトゲージで長さ変化を測定した．

標点の設置状況および測定状況は**写真5~6**に示す．

7. 促進試験の観測結果

観測は主としてひび割れ発生とひび割れ形態の確認・観察であり、ひび割れ発生状況を**表8**に、**写真7**にひび割れの発生状況のスケッチ、**図3**にコンタクトゲージの測定結果、**写真8**に無応力状態の円柱供試体のひび割れ状況を示す．

豊島産粗骨材使用の供試まくらぎは、養生材令 27 日で R_2O 2.0% の供試まくらぎにひび割れの発生が確認された．豊島産粗骨材使用・R_2O 1.4% で**図3-3**に示したようにひずみを測定した供試まくらぎでは大きなひずみ変化は測定されなかったが、暴露後 14 日でひび割れが発生したものがあり、R_2O 2.0% のものと比較すると個体差が認められた．R_2O が 0.5%、0.6% および 0.8% のものには促進養生中も暴露後もひび割れの発生は観察されなかった．また、高炉セメントを使用した供試まくらぎでもひび割れは観察されなかった．

無反応と言われる八王子産粗骨材使用の場合では、R_2O 2.0% の供試まくらぎでは 101 日材令でひび割れの発生が観察されたが、R_2O が 0.8% および 1.4% のものでは促進養生中も暴露後もひび割れは観察されなかった．

　砕石 A・早強セメントを使用した供試まくらぎでは R_2O 2.0% のものが養生材令 87 日で、R_2O 1.4% のものに 150 日で観察され、R_2O 0.6% のものは暴露後もひび割れは観察されなかった.

　砕石 B・早強セメントを使用した供試まくらぎでは R_2O 2.0% のものが養生材令 71 日で、R_2O 1.4% のものに 148 日で観察され、R_2O 0.6% のものは暴露後もひび割れは観察されなかった.

　砕石 C・早強セメントを使用した供試まくらぎでは R_2O 2.0% のものが養生材令 76 日で、R_2O 1.4% のものに 139 日で観察され、R_2O 0.6% のものは暴露後もひび割れは観察されなかった.

写真 1　供試まくらぎの製作状況

写真 2　供試まくらぎの製作状況

写真 3 供試まくらぎの製作状況

写真 4　架設養生槽と供試まくらぎの配置状況

写真 5　長さ測定用標点の設置状況

写真 6　長さ変化の測定状況

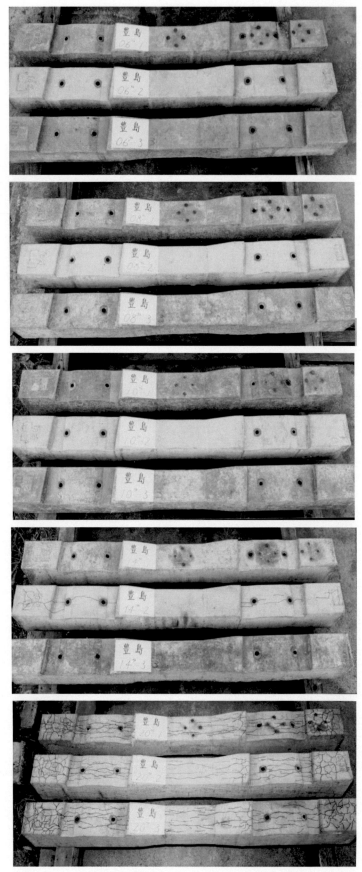

写真　7－1　豊島・早強セメントシリーズのひび割れスケッチ

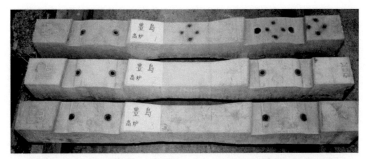

写真 7-2 豊島・高炉セメントのひび割れスケッチ

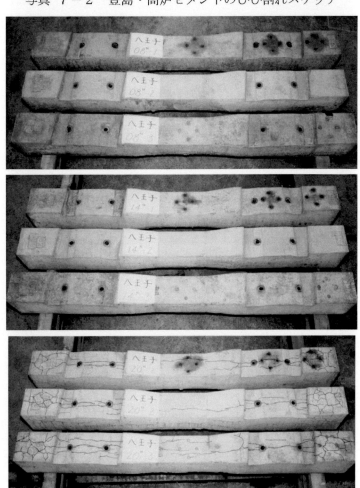

写真 7-3 八王子・早強セメントシリーズのひび割れスケッチ

　ひび割れの形状は中央部では軸方向に伸長し、端部やショルダー部では亀甲状の形状に発生し、**写真9**に示す損傷に酷似している.

　コンクリートの伸び能力は一般に 200×10^{-6} m といわれるが、供試まくらぎのひずみ変化の測定結果と目視による観測結果とでは差異があり、ひび割れの発見はかなりひび割れ幅が大きくなった状態と考えられ、ひび割れの発生後多少の時間的遅れがあったものと思われる.

写真 7−4 砕石A・早強セメントシリーズのひび割れスケッチ

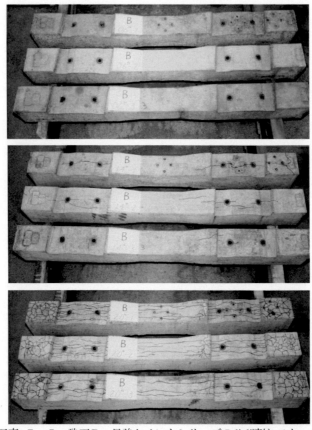

写真 7−5 砕石B・早強セメントシリーズのひび割れスケッチ

写真 7-6 砕石C・早強セメントシリーズのひび割れスケッチ

写真 9 まくらぎ端部の亀甲状ひび割れ

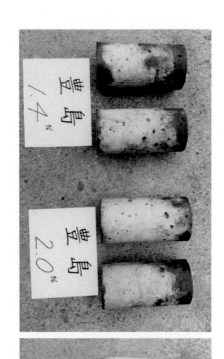

写真 8-1 円柱供試体のひび割れスケッチ

写真 8-2 円柱供試体のひび割れスケッチ

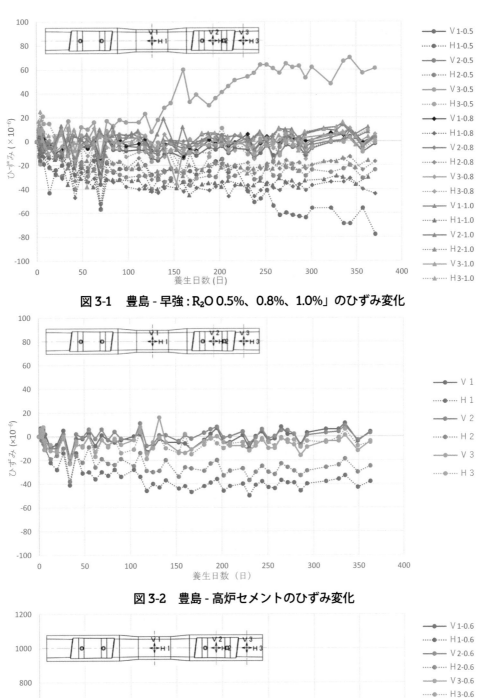

図 3-1　豊島 - 早強 : R₂O 0.5%、0.8%、1.0%」のひずみ変化

図 3-2　豊島 - 高炉セメントのひずみ変化

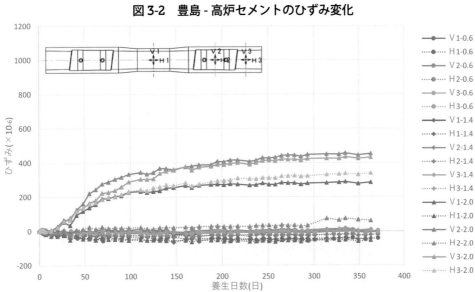

図 3-3　豊島 - 早強セメント : R₂O 0.6%、1.4%、2.0% のひずみ変化

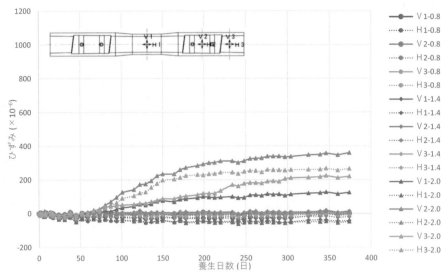

図3-4　八王子 - 早強セメント：R₂O 0.8%、1.4%、2.0% のひずみ変化

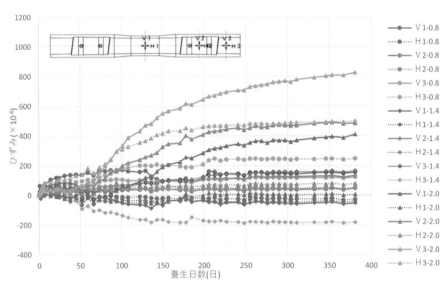

図3-5　砕石 A- 早強セメント：R₂O 0.6%、1.4%、2.0% のひずみ変化

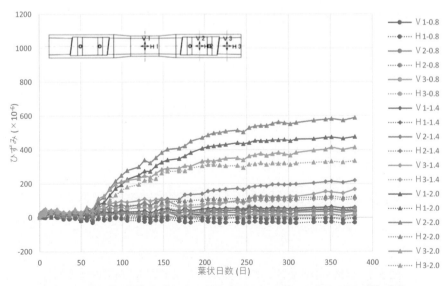

図3-6　砕石 B- 早強セメント：R₂O 0.6%、1.4%、2.0% のひずみ変化

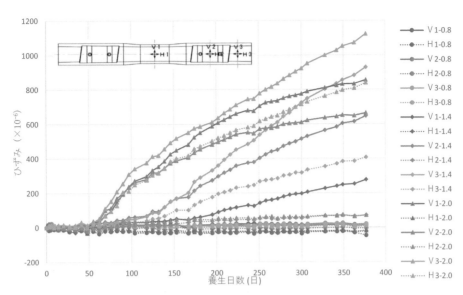

図3-7　砕石 C- 早強セメント：R₂O 0.6%、1.4%、2.0% のひずみ変化

8. 圧縮強度試験結果

　促進試験では 6 号まくらぎ以外に円柱供試体 φ 10 × 20cm を製作し、供試まくらぎと同条件で促進養生を行い、R₂O 量 2.0% については途中で圧縮強度を測定し、試験終了時には各条件 1 体ずつ圧縮強度試験を行った．試験結果は**表10** に示すとおりである．圧縮強度は R₂O 量の増加にしたがって低下するようである．

9. 試験より得られた知見

　今実験に関して要約するとつぎのような知見が得られた．

表 9.1　コンクリートの圧縮強度：プレストレス導入時($kgh ／cm^2$)

骨材種別 ＼ アルカリ量		0.5	0.6	0.8	1.0	1.4	2.0
豊　島	（普通セメント）	530	423	440	411	365	348
	（高炉セメント）	366					
八王子				457		369	348
A 砕石				410		370	349
B 砕石				431		410	353
C 砕石				433		374	357

表 9.2　コンクリートの圧縮強度：標準養生($kgh ／cm^2$)

骨材種別 ＼ アルカリ量		0.5	0.6	0.8	1.0	1.4	2.0
豊　島	（普通セメント）	845	782	902	614	634	617
	（高炉セメント）	497					
八王子				676		666	545
A 砕石			717			495	448
B 砕石			775			5754	558
C 砕石			605			5213	504

109

表10 R2O量と圧縮強度の関係

骨材種別	セメント種別	R₂O量	1986年 4月25日試験			1986年10月15日試験		
			圧縮強度(kgf/cm²)	養生材令	記事	圧縮強度(kgf/cm²)	養生材令	記事
豊島砕石	早強	0.5				936	390日	
		0.6				745	390日	
		0.8				571	390日	
		1.0				567	382日	
		1.4				544	382日	ひび割れ有り
		2.0	377	209日	ひび割れ有り	454	382日	ひび割れ有り
	高炉B					548	382日	
八王子砂岩	早強	0.8				850	393日	
		1.4				682	393日	
		2.0	433	202日	ひび割れ有り	512	393日	ひび割れ有り
A砕石	早強	0.6				732	400日	
		1.4				587	400日	
		2.0	434	227日	ひび割れ有り	395	400日	ひび割れ有り
B砕石	早強	0.6				966	398日	
		1.4				874	398日	ひび割れ有り
		2.0	428	225日	ひび割れ有り	490	398日	ひび割れ有り
C砕石	早強	0.6				823	396日	
		1.4				789	396日	ひび割れ有り
		2.0	397	223日	ひび割れ有り	418	396日	ひび割れ有り

(1) 測定の結果、収縮ひび割れではなく、膨張ひび割れであることが実証され、ひび割れの形態も現場のものと同じであることの認識が得られたものと考えられる.

(2) 現在ひび割れが生じているのは R_2O 量が 1.4% 以上のものであり、2.0% では全部生じている. R_2O 量が 1.4% 以上と高くなると、どんな骨材でもひびわれが発生する.

(3) 養生期間約 400 日経過後でもひずみ変化は収束せず、継続的に膨張しており、R_2O 量が少ないものでも数年単位の長時間経過後にはコンクリートの伸び能力の 200×10^{-6}m を超過するものと考えられる.

(4) セメント種別と骨材の組合せにより骨材との反応には差異が生じる. 長期にわたり反応が続くものと、反応速度が停滞するものがあり、同じ配合のものであっても個体差が生じる.

(5) 縦および亀甲状ひび割れは再現され、その原因は ASR によるものと判断される.

(6) これまでに縦および亀甲状ひび割れが発生した PC まくらぎのコンクリートを分析して残留する R_2O 量の測定と、使用された骨材の石質の確認と相互関係を調査する.

(7) 現地敷設の PC まくらぎにひび割れが発生するまでの時間について、促進実験と現場の相互関係、ひび割れの幅と深さの関係、表面と内部のひび割れとの関係などについては、さらに研究する必要がある.

以上

　この ASR に関する試験は、国鉄が開催した PC まくらぎ研究会で昭和 60 年 7 月に提案され、PC マクラギ工業会よりオリエンタルコンクリート会社が委託を受けて国鉄技術研究所の指導のもとに実施したものである.

7．直結軌道

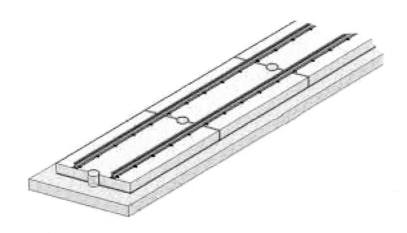

7. 直結軌道

この節では直結軌道について説明致します．直結軌道は**図 7.1** のように分類されます．

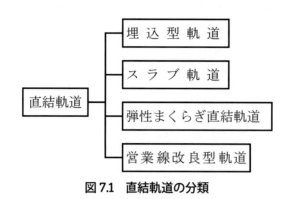

図 7.1　直結軌道の分類

7.1　埋込型軌道

　この型式は、**図 7.2** に示すように鉄筋コンクリート短まくらぎをコンクリート路盤に直接埋め込む方式の軌道です．トンネル区間、地下鉄、コンクリート路盤を有する鉄桁で直結軌道として使用されています．この型式は振動防止対策としては軌道パッドのみが使用されているにすぎず、環境問題が発生します．

　東京トンネルでは短まくらぎの代わりにツーブロックまくらぎ（以下、TB まくらぎ）をコンクリート路盤に埋め込んだ形式の直結軌道が採用されています．**図 7.3** に概要を示します．この型式も振動防止対策としては軌道パッドのみが使用されているにすぎず、環境問題の発生の可能性が考えられます．この対策として最近では TB まくらぎをゴム製の箱に挿入して埋込む方式が開発され、環境対策が図られています．因みに、ドーバー海峡の海底トンネル内にはソンネビル式 TB まくらぎ（RS まくらぎ）が使用されています．ゴム長を履いたまくらぎと表現されているそうです．

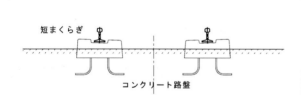

（1）短まくら埋込型軌道の概略図　　　　（2）敷設状況

図 7.2　短まくらぎによる埋込型軌道の例

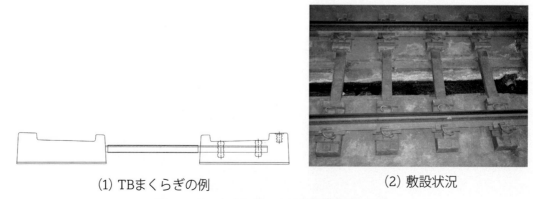

（1）TB まくらぎの例　　　　　　　（2）敷設状況

図 7.3　TB まくらぎによる埋込型軌道の例

TBまくらぎによる埋込型軌道方式にドイツで開発された Rheda 軌道があります．この方式は短まくらぎを鉄筋で繋いだ TB まくらぎをコンクリート道床内に埋め込んで構成される軌道です．この方式の環境対策は振動に対してはレール締結装置で確保し、騒音に対しては軌道内に吸音材で対応する方法が採用されています．この方式はドイツや中国、台湾の高速鉄道で採用されています．台湾新幹線に敷設された Rheda 軌道を**図 7.4** に示します．

(1) コンクリート道床内の配置状態[7-1]　　　(2) 台湾新幹線のRheda軌道[7-2]

図 7.4　Rheda 軌道

7.2　スラブ軌道

　スラブ軌道は、**図 7.5** に示すような形状です．路盤コンクリートと軌道スラブとの間に填充材（CA モルタル）を注入して構成される軌道です．軌道の弾性は軌道パッドと填充材で確保する方式です．

　東海道新幹線は開業後、毎夜軌道整備に追われ夜間に約 2,500 人が保線作業に従事する状態で[7-3]、膨大な保守量に苦労した当時の国鉄は以後建設する新幹線の軌道に対しバラストレスの軌道構造を採用するため、新軌道構造研究会を昭和 40 年（1965 年）に発足させました．

　研究・検討事項は[7-4]、

　①建設費がバラスト軌道の 2 倍以下であること．

　②上下・左右方向の強度と弾性がバラスト軌道と同等で、かつ十分な強度を持つこと．

　③施工速度が 200m/ 日以上で、かつ容易であること．

　④軌道を支える土木構造物の沈下等に対し、レール位置の調整が可能であること（上下± 30mm、左右± 10mm）．

です．開発されたスラブ軌道は、山陽新幹線岡山以西以降の標準構造となり、東北、上越、北陸、九州の各新幹線および武蔵野線、湖西線、北越北線の JR 在来線や民鉄線の一部の区間で敷設されています．新幹線

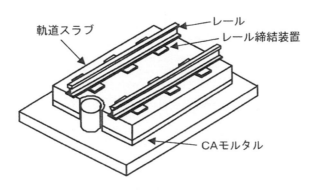

図 7.5　スラブ軌道（A 型スラブ軌道）

では約 2,900km、在来線では約 800km の敷設延長です．**図 7.6** に九州新幹線までの新幹線における軌道構造の比率を示します [7-5]．

　スラブ軌道区間はバラスト軌道区間と比較すると数デシベル程度騒音が大きくなることが判明しました．このためスラブ軌道の環境対策が検討され、山陽新幹線岡山以西の一部区間で試験的に対策が行われ、東北新幹線建設時に小山試験線で**表 7.1** に示す形式のスラブ軌道が試験敷設・走行試験が実施され、軌道スラブの下面に溝付のゴムマットを貼付した防振 G 形スラブ軌道が採用されました [7-6]．普通のスラブ軌道と防振スラブ軌道は、周辺環境条件により使い分けられています．

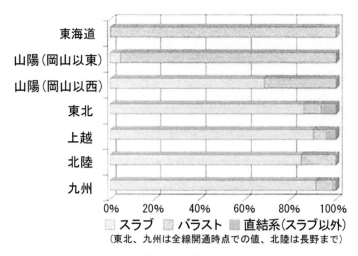

（東北、九州は全線開通時点での値、北陸は長野まで）

図 7.6　各新幹線の軌道構造ごとの割合

7.3　弾性まくらぎ直結軌道

　弾性まくらぎ直結軌道（以下、弾直軌道という）は、PC まくらぎの側面および底面をゴムあるいはポリウレタン弾性材で被覆したまくらぎを埋込型軌道のようにコンクリート路盤に埋込んだ軌道です．弾性材で被覆された PC まくらぎは弾直まくらぎと表現されます．弾直軌道も小山試験線で**表 7.2** に示す形式の弾直軌道が試験敷設・走行試験が実施されました．

　A 型弾直軌道は、省力化と環境対策のため昭和 52 年（1977 年）に大阪環状線に敷設されました．A 型弾直軌道を改良し、B 型弾直軌道が開発され、東北新幹線の大宮駅付近に試験敷設されました．この時のおおざっぱな価格構成は弾直まくらぎ 1 本当たり本体約 1.5 万円、発泡ウレタン被覆材約 5 万円と高価なものでした．

　環境対策には効果があるもののかなり高価なため、さらに低コスト化が検討されました．A 型弾直まくらぎおよび B 型弾性まくらぎは、側面高さの 2/3 程度までと底面を弾性材で被覆していたものを底面から 20mm 程度までの側面と底面とする構造に、製作方法、作業簡略化を図る等の工夫により、低コスト化が図られました．

　B 型弾直軌道の建設費が高価であることや部材更新が困難なこと等を解決するため、まくらぎ等の交換が可能な着脱式弾性まくらぎ直結軌道（D 型弾直軌道）が平成 10 年（1998 年）に開発されました．D 型弾直軌道は高低調整が +23mm、通り調整 ± 7mm が可能となりました．JR 線および民鉄線の立体交差化区間に約 60km が敷設されました．**図 7.7** に D 型弾直軌道の構造概要を示します [7-7]．

表 7.1　小山試験線における試験対象スラブ軌道

名称		構造略図	特徴
ス ラ ブ 軌 道	普通		・レール締結装置の軌道パッドのバネ常数　60 t／cm
	防振A型		・軌道スラブとCAモルタルの間に、スラブマット挿入 ・スラブマット：ゴム製、加工後接着、支持ばね係数 24kg／cm^3
	防振D型		・スラブマット：ゴム製、直接接着接着、支持ばね係数 8kg／cm^3 　（支持弾性の向上）
	防振F型		・CAモルタルとスラブマットの代りに弾性樹脂をレール下部分に 　注入施工 　（支持弾性の向上）
	防振G型		・レール下部分のみCAモルタル、スラブマットを施工 ・スラブマット：溝付き、加工後接着 　（支持弾性の向上、コストダウン）
	防振C型		・軌道スラブ上面にリブをつける 　（曲げ剛性を増さないで重量を増加） 　（吸音バラストの撒布がが可能） ・スラブマット：加工後接着、支持ばね係数 24kg／cm^3 ・FL-RLを有道床軌道に合わせる 　（軌道質量が増大）
	防振E型		・軌道スラブを組立方式わく型とする 　（更換、取扱い、運搬が容易で突起部の安全率向上） ・レール下部のみCAモルタル、スラブマット施工 　（支持弾性向上、コストダウン） 　（吸音用バラストの撒布がが可能） ・FL-RLを有道床軌道に合わせる 　（軌道質量が増大）
ス ラ ブ 軌 道 （ 新 填 充 層 ）	I型		・填充材として 弾性樹脂を使用
	II型		・填充材として スチロポール混合弾性樹脂を使用 　（支持弾性の向上、コストダウン）
	III型		・填充材として 砂混合弾性樹脂を使用、さらに軌道スラブとの間 　にスラブマット挿入 　（支持弾性の向上、コストダウン）
	IV型		・防振A型スラブのCAモルタル外周を額縁形で弾性樹脂を填充 　（耐寒性の向上）

（　）は設計の着眼点

115

表7.2 小山試験線における試験対象弾直軌道

名称		構 造 略 図	特 徴
弾性まくらぎ直結軌道	A型	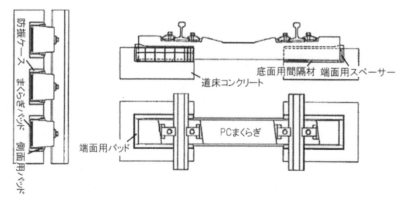	・大版PCまくらぎを弾性被覆し、樹脂を填充して設置 ・弾性被覆材：ゴム製、直接接着加工、支持ばね係数 8kg／cm³ 　（中間質量のレール長手方向の曲げ剛性低下） 　（支持弾性の向上） 　（吸音用バラストの撒布可能）
	B型		A型に対して ・填充材にコンクリートを使用、側方も支持 ・弾性被覆材：発泡ウレタンゴム製直接接着加工、 　　　　　　　支持ばね係数 8kg／cm³ ・FL−RLを有道床軌道に合わせる 　（軌道質量が増大） 　（軌道の水平方向支持の信頼性が向上）

（　）は設計の着眼点

図7.7 D型弾直軌道

　D型弾直軌道は比較的施工費が高価なため、平成29年（2017年）にS型弾直軌道が開発されました．S型弾直軌道はまくらぎの側面に設けた突起により横圧に抵抗する方式としてコンクリート道床の施工を簡略化し、施工費を削減した新方式です．図7.8にS型弾直軌道の構造概要を示します[7.8]．

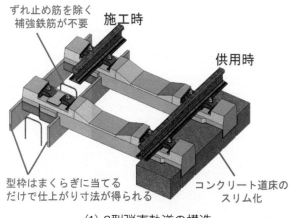

（1）S型弾直軌道の構造

（2）敷設状況

図7.8 S型弾直軌道

7.4 営業線改良型軌道

営業中のバラスト軌道の保守削減を図るため、直結軌道化が図られました．旧国鉄では昭和45年（1970年）から営業線の省力化軌道が検討され、道床バラストの空隙をアスファルト系充填剤あるいはセメント系の材料で充填する省力化軌道が検討されました．開発概念は、以下のとおりです．

　①道床の突き固め作業を行わなくてもすむようにする

　②道床圧力と道床振動加速度をできるだけ小さくする

　③雨水が道床や路盤に入らないようにする

　①に対しては道床バラストの空隙を粘弾性の材料を充填する方法が考案され、②に対してはまくらぎ幅を大きくし底面積を拡大することにより可能となり、③については軌道表面を舗装することにより解決されました．

　昭和47年（1972年）3月にA型舗装軌道が、京浜東北電車線の西川口～蕨間の60mに試験敷設されました．これを改良したB型舗装軌道が昭和47年11月武蔵野線武蔵野操車場付近と関西本線八尾～竜華間に試験敷設されました．その後、約11kmが関西本線、京浜東北線、東海道本線、山手線および大阪環状線に敷設されました．広幅まくらぎは在来線用PCまくらぎ幅の約3倍でLPC（Large Prestressed Concrete）まくらぎと呼ばれています．図7.9にB型舗装軌道の構造概要を示します．

　B型舗装軌道は、施工費が高く、特にアスファルト混合材の施工はアスファルト混合材を180℃まで加熱する必要があり、大規模な加熱装置を必要とし、施工に長時間を必要となる問題が発生しました．

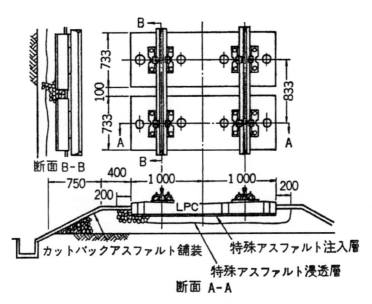

図7.9　B型舗装軌道

　C型舗装軌道も開発・研究が行われました．B型舗装軌道との相違点はバラスト層にバラストと粒調砕石を混合したものを使用し、これを転圧して安定性を高めアスファルト舗装を行い、まくらぎ下面にアスファルト混合材を注入させる方法でした．

　B型およびC型舗装軌道における加熱装置、施工時間の問題を改良するため、昭和58年（1983年）にE型舗装軌道が開発されました．

　E型舗装軌道の改良点は、第一に常温で施工可能なセメントアスファルト複合材の採用であり、填充層の厚さを均一とするためバラストの下面に不織布を敷き、LPCまくらぎ下面にガラス繊維マットを挿入して衝撃力を緩和する等です．この結果、終電から初電までの短時間でも冬期施工も可能となり、平成2~4年（1990~1992年）間に山手線約800mに敷設されました．図7.10にE型舗装軌道の構造概要を示します．

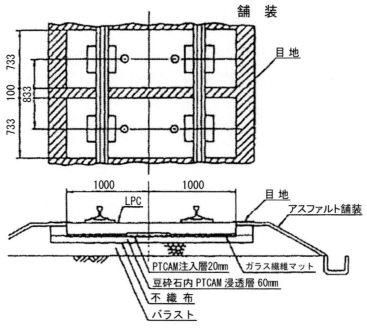

図7.10 E型舗装軌道

JR東日本では少子高齢化による労働力不足等の対策として研究・開発が進められ、平成9年(1997年)に山手線に敷設されたTC型省力化軌道があります．この軌道は既設の道床バラストを撤去し、不織布を敷き、新バラストを撒布、幅400mmのPCまくらぎを敷設後、マルチプルタイタンパによるバラストの突固め・軌道整備を行い、セメント系填充材を注入させて構成される軌道です．施工の機械化を図った結果、施工費はE型舗装軌道の約1/2程度に節減されたようです．山手線、中央線、京浜東北線、東海道本線、山手貨物線、横須賀線、常磐線の310km以上と一部の民鉄でも敷設されました．**図7.11**にTC型省力化軌道の構造概要を示します．その後、PCまくらぎ長さの短縮、横抵抗力増大化のためのまくらぎ側面への翼部(突起)の設置する改良が行われました[7-9]．

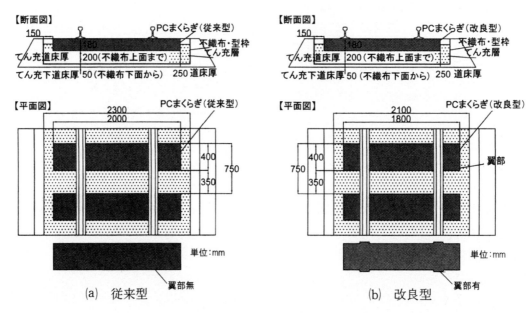

図7.11 TC型省力化軌道

8. 縦まくらぎ

8. 縦まくらぎ

まくらぎの敷設方向で**図8.1**のように分類されます．この節での説明はレール方向に敷設される縦まくらぎ軌道についてです．

縦まくらぎの研究・開発は国外では1928年にオーストリア国鉄で、1946~1955年にフランス国鉄で、1958~1969年に当時のソ連国鉄で行われました．我が国では昭和32~34年に山陽電気鉄道（以下、山陽電鉄という）で昭和34~35年に東海道新幹線用まくらぎとして国鉄で、昭和35年には近畿日本鉄道（以下、近鉄という）で研究・開発が行われました．

オーストリア国鉄、ソ連国鉄および国鉄の縦まくらぎは縦梁方式であり、フランス国鉄、山陽電鉄お

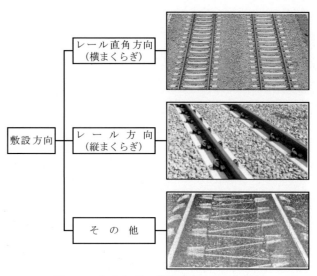

図8.1　まくらぎの敷設方向による分類

よび近鉄では1.1~2.8mの縦まくらぎ方式でした．軌間の保持方法はソ連国鉄および国鉄は縦梁と横梁とで枠型を形成する方式であり、オーストリア国鉄、山陽電鉄および近鉄では山形鋼等でレールを把握する方式でした．

8.1　オーストリア国鉄方式 [8-1)]

オーストリア国鉄方式は、オーストリア国鉄のWirth氏によって設計された梁式のもので、**図8.2**に示すように鉄筋コンクリート構造（以下、RC構造という）の梁を路盤中にレール方向に製作し、73cm間隔でレール支持用の幅60cm、高さ50cmのRC構造の突起を設け、この突起の中にコイルばねが1突起に2個設定されレールを支持する構造です．軌間保持および車輪横圧のためには平面図に示すように大型の山形鋼製の繋材

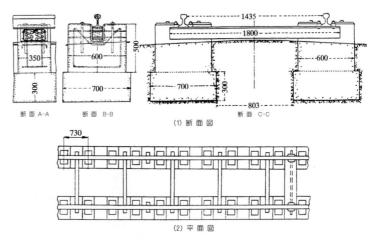

図8.2　オーストリア国鉄方式の縦まくらぎ

で左右のレールを連結する方式です．繋材は突起の2つおきに設けられています．1828年に急行列車が90km/hで走行する本線に115yd.(105.2m)敷設されました．敷設後3年経過した時点での調査の結果は、軌道に外見上の欠陥が生じていなかったと報告されています．

8.2　フランス国鉄方式 [8-2)]

フランス国鉄方式（Laval型）は、縦まくらぎの断面が幅65cm、厚さ18cmで、長さ1.30mのRC構造のものと長さ2.8mのプレストレストコンクリート構造（以下、PC構造という）の2種類があります．**図8.3**にRC構造の縦まくらぎを示します．両方式とも縦まくらぎはレールが1/20の傾きをもつように設置されます．RC構造の縦まくらぎおよびPC構造の縦まくらぎ共に隣接まくらぎ間に20cmの間隔を設け、その空間に80×80×10mmの山形鋼製の繋材でレール底部を連結し、軌間保持を行うよう設計されていま

す．この空間に保守用ジャッキを設置して軌道の扛上が可能となるようにも考慮されていたようです．

列車荷重のバラストへの分散はまくらぎの底面積が大きく関与するため、横まくらぎが58cm間隔で敷設されている場合と比較すると縦まくらぎの場合では底面積が約2.5倍となり、荷重分散性が改善されるとして開発されたようです．また、縦まくらぎを使用した軌道とすると軌きょう重量が大きくなり、バラスト

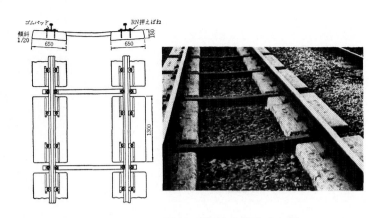

図8.3 Laval型（RC構造）の縦まくらぎ

道床中での安定性が良好となり小半径の曲線区間でのロングレール化が可能となり、軌道保守量の低減が可能となると想定されたようです．1955年末までに35km敷設され、横まくらぎから縦まくらぎの交換、RSまくらぎからRC構造縦まくらぎへあるいはPCまくらぎからPC構造縦まくらぎへの工費はそれぞれと同等であり、軌道試験車の走行結果では横まくらぎ区間より軌道狂いは小さく良好であったと報告されています．しかし、軌間保持用繋材が山形鋼であったため軌間保持機能が不十分であり、結果的には軌道保守に労力を必要としたと報告されています．

8.3 山陽電気鉄道方式 [8-3]

山陽電気鉄道では、フランス国鉄のLaval型RC構造縦まくらぎを参考に山陽型縦まくらぎを昭和32年10月（1957年）に低速区間に、12月には高速区間に敷設されました．各種測定が行われ、その結果を基に昭和34年（1959年）改良型を開発しています．図8.4に山陽電気鉄道方式縦まくらぎを示します．

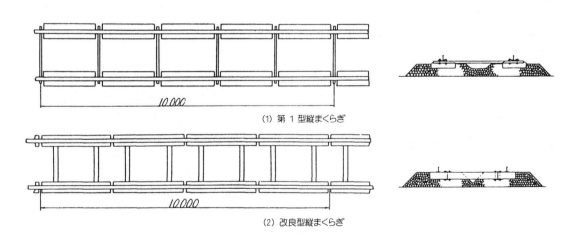

(1) 第1型縦まくらぎ

(2) 改良型縦まくらぎ

図8.4 山陽電気鉄道方式縦まくらぎ

第1型縦まくらぎは幅50cm、厚さ14cm、長さ1.80mの形状であり、レールは縦梁に設けられた3点の突起で支持する方式でした．軌間保持は7cm×6cm断面にφ9mm鉄筋を4本配置したRC構造の繋材方式が採用されました．敷設の結果、縦まくらぎ中央部付近および繋材の連結用ボルト孔付近にひび割れが発生し、改良が必要となりました．

敷設は横まくらぎを撤去し、道床バラストを撤去してロードローラで転圧し、レールの高低調整のため砂を5cm程度敷き均して敷設されました．列車走行試験の結果、振動でバラスト道床の粒子間の空隙に敷き込んだ砂が落ち込み、列車走向開始後1〜2日で大きな高低狂いが発生したそうです．この対策として、豆砂利を縦まくらぎ下に敷込む保守を行ったが十分に修復することができなかったようです．

この経験を基に改良型が考案され、道床バラストのタイタンパによる突固めが十分できるように縦まくらぎの断面寸法を幅37cm、厚さ15cm、長さ2.40mに変更されました。軌間保持はレール連結方式をやめ、縦まくらぎと繋材とは接合板を介してボルト締結する方式が採用されました。繋材は多少の道床反力、縦まくらぎの小返り抵抗力の増大化およびふく進抵抗力が確保できるよう断面寸法は幅15cm、高さ14cmのRC構造とされました。接合板と縦まくらぎおよび繋材の間にはゴムパッドを挿入して、電気絶縁が確保する構造が採用されました。

図8.5　洗浄線に残る山陽電鉄式縦まくらぎ

　敷設方法は横まくらぎの撤去、まくらぎ間の道床バラストの撤去を行い、新たに道床バラスト40mmを撒布して縦まくらぎと繋材を配置、レールを締結して縦まくらぎ間にバラストを充填し、タイタンパを2台2組計4台を対向させてバラストの突き固めを行ったと報告されています。改良型縦まくらぎは50m敷設され、試験走行の結果軌道保守周期の延伸等良好な成果が得られたと報告されています。なお、昭和42年（1967年）にレールの重量化に伴う締結装置の不適合により撤去されました。

　撤去された縦まくらぎの一部は現在車庫線の洗浄線に残っています。**図8.5**に示します。

8.4　ソ連国鉄方式 [8-4)]

　ソ連国鉄では1958~1969年（昭和33~44年）に転圧された路盤上にスラブ形式で敷設する方式、バラスト道床上に敷設する方式等10形式の省力化軌道が研究・開発され、試験敷設されました。このうち**図8.6**に示す縦まくらぎが試験されています。この縦まくらぎは、φ3mmのPC鋼線を使用したプレテンション式PC構造の縦梁と、左右の縦梁の間隔保持用の間隔材から構成されるものでした。断面形状は梁幅80cm、梁高さ30cm、長さ416cmであり、端部は110cmに拡幅されたものでした。縦梁は自重軽減のため縦梁長手方向に直角な貫通孔を設けた中空構造として軽量化を図り、間隔材を介してPC鋼棒で緊結する形式でした。この縦まくらぎは1,325m敷設され、敷設時および保守時に特殊な機械を必要としないため、簡便な方式であったと報告されています。レール長12.5mのP50レールが敷設されているこの縦まくらぎ軌道は、従来のコンクリート横まくらぎ軌道と比較して日常保守が30%低減される効果が得られたようです。この保守量の内訳は、高低直しが42%、遊間調整が27%、パッキング調整が13%、タイプレート交換が11%で、パッキング調整やタイプレート交換は縦梁のコンクリート上面の仕上精度がよくなかったためで、高低直しは縦梁下面に種々の厚さの板を挿入して行ったそうです。試験敷設の実績によれば、この縦まくらぎ軌道の安定性は従来の横まくらぎ軌道の2倍以上良好であり、横まくらぎ軌道が種々の原因で40mm沈下したのに対し、縦まくらぎ軌道の沈下は18mmしか沈下せず、また、横方向の移動や縦方向のふく進は認められなかったと報告されています。

　初期は良好な省力化効果が得らたが経時とともに、

①縦梁の継目が構造上の弱点となり、継目部でたわみが大きくなり、軌道狂いが発生し、中央部の約3倍となる。

②縦梁と間隔保持のための間隔材との接合方法がPC鋼棒を緊張して組立てるヒンジ接合であったため、間隔材が回転して軌間縮小や軌道狂いが発生した。

③縦梁の中間部に位置する締結装置の位置が正確でなかったために、各締結装置に水平力が均等に作用しなかった。しかも、締結装置の位置の不整が調整できる締結装置が開発されていなっかた。

④縦梁下のバラスト厚が不足し、地下水位が高い場所では噴泥が発生した．

⑤軌道狂いが発生した場合の保守は、縦梁の単位長さ当たりの重量が大きいため、大きな労力が必要となった．

のような欠陥が現れ、良好な成果を収めることはできなかったようです．

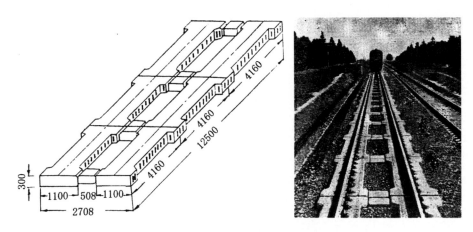

図 8.6　ソ連国鉄の縦まくらぎ（8 型）

8.5　国鉄方式 [8-5、8-6、8-7]

　我が国の国鉄における縦まくらぎは、東海道新幹線用の省力化軌道の 1 つとして開発され、東海道本線大井町～大森間に昭和 34 年（1959 年）7 月に試験敷設されました．試験敷設は梁長さ 10.0m のものを 2 本、梁長さ 6.6m のものを 16 本で行われ、敷設長は 125.6m でした．

　新幹線では高速度で走行するため、軌道破壊力の増大と列車間合の減少により、十分な保守時間が期待できないと考えられ、その対策として軌道破壊が生じない理想的な永久軌道構造が検討されました．

　新幹線用の縦まくらぎの設計の考え方は、つぎのとおりでした．

　①まくらぎのレール方向に対する不連続性に基づく欠陥を解消するために、製作における制約、敷設等の取扱いにおける制約、温度応力等応力上の制約内で、可能な限り長いものとする．

　②バラスト道床の不均一性に基づく応力には、自らの剛性で抵抗する．

　③縦梁の不等沈下が生じた場合の保守の問題には、保線機械の改善により対処する．

　縦まくらぎの縦梁は、道床の不均一性に基づく応力には自らの剛性で抵抗できるとともに、道床に 300cm の不陸 - 不支持区間 - が生じても十分に抵抗できる強度を有するように設計されました．レールの締結間隔は 60cm であり、レールの支持方法は従来の横まくらぎと同様で締結間隔で支持する間欠方式とされました．

　縦まくらぎの縦梁の構造は、RC 構造あるいは PC 構造とし、梁幅 65cm、梁高 30cm で、この左右の縦梁を長さ 45cm、高さ 25cm、幅 30cm の間隔材で剛結した構造です．RC 構造は梁長さ 10.0m、重量 11.2t で、間隔材は 5 箇所設けられています．PC 構造は梁長さ 6.60m、重量 5.2t で、間隔材は 4 箇所設けられました．PC 構造の縦まくらぎの形状寸法を**図 8.7** に示します．

　縦まくらぎの施工方法は、先ず、従来の横まくらぎ軌きょうを 25m 撤去し、ブルドーザで道床バラストを約 63cm すき取る．つぎに、コンパクタで振動締固め、縦まくらぎの据付け面に豆砕石を 30mm 散布して整正し、この上に予め線路両側に配置しておいたレール上を門型クレーンで吊上げ移動し、敷設する方法でした．

　縦まくらぎの敷設作業は、夜間の約 3 時間の線路閉鎖間合で 25m 分施工され、370 人の人工を要しました．なお、準備作業には 230 人、跡作業には 100 人を要したようです．縦まくらぎの敷設精度は、活線で

の作業（通常の列車の間合で行う作業）による限定された作業時間、狭隘な空間での施工、重量物の取扱いのため、必ずしも満足できるものではなかったようです．縦まくらぎの敷設時の軌道の高低の狂いは、縦まくらぎの敷設面の不陸および縦まくらぎの変形に起因したと考えられました．

縦まくらぎの敷設面の不陸は、敷設面に豆砕石を30mm散布して整正を行いましたが、基面となるバラスト道床の掘削面の不陸がコンパクタでの転圧では十分整正されず、この不陸が豆砕石を散布しても吸収できなかったことと、線路閉鎖間合の制限された時間内での作業と狭隘な作業環境により十分に確認ができなかったことが主原因と考えられました．路盤の地耐力の不均一も原因の1つと考えられました．

縦まくらぎの変形は、まくらぎの運搬の際に数多くの分岐器を亘って運搬されたこと、門型クレーンによる吊上げや吊下げ時の吊り位置の不均衡に起因すると考えられました．これらの原因で生じた縦まくらぎの「そり」あるいは「ねじれ」が、軌道の高低狂いとして現れたものと推定されました．

縦まくらぎ軌道の動的沈下量は、初列車通過時で約3mmであり、5列車通過後では約2mmの沈下で止まり、静的沈下量は敷設後20日経過時で4.4mm、50日経過後で6.2mmと小さく、軌道狂いは進行していないと判断されました．

これらの報告と矛盾しますが、敷設後20日経過した時点で門型クレーンを使用して軌道狂いの過大箇所で縦まくらぎの据替えを行っています．敷設1年後には水準狂いおよび高低狂いの調整のため締結装置位置でレール下面にポリマーモルタルを挿入して調整を行っています．ポリマーモルタルの挿入厚さは平均厚さで5mm、最大厚さは14mmでした．この調整は、縦まくらぎの「そり」あるいは「ねじれ」による高低狂いを吸収させるため、および高低の手直しを行うには余裕のない作業間合での不満足な据付けの結果生じた誤差を吸収させるためのものと考えられます．

縦まくらぎの通り狂いは、縦梁端面仕上がりが完全に直角でなかったため、**図8.7**で示したように縦梁端部を接合ボルトで緊結するとジグザグとなり、縦まくらぎの中心線が蛇行することにより発生したようです．据え付けの際に設置位置の修正を行ったが、線路閉鎖間合で時間的余裕のなかったこと、狭隘な空間での施工および重量物の取扱いとなったこと等のため、満足な据付けができなかったようです．

ポリマーモルタルによる高低調整以外の保守作業は軽減されており、保守作業は締結装置のボルトの締め替えによる軌間および通りの調整程度あり、省力化軌道の目的は達成されたものと判断されました．

しかしながら、縦まくらぎの効果を十分発揮することなく、昭和39年（1964年）度に東海道本線のロングレール化に伴って撤去されました．

なお、線路閉鎖とは線路の保守作業等を行う際、一定区間および時間帯で列車運転を禁止する保守体制です．

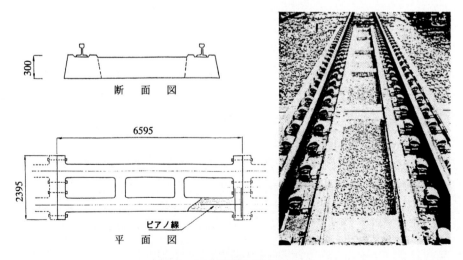

図8.7　日本国鉄の縦まくらぎ

8.6　近畿日本鉄道方式[8-8)]

近鉄では、昭和35年(1960年)1月に軌道強化の目的でフランス国鉄のLaval型を改良した近鉄型縦まくらぎ378本、225mが大阪線 長瀬～弥刀 間上り線に敷設されました．近鉄型縦まくらぎは、**図8.8** に示すような長さ109.5cm、梁幅60cm、梁高17cmのRC構造で、左右の縦梁が独立している形式のものです．軌間の保持は、レールを山型鋼(65×65×6mm)で連結する方式が採用されました．施工方法は昼間に準備作業で軌きょうを組立、軌きょう運搬用トロに乗

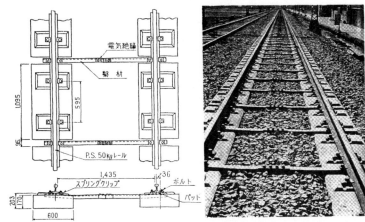

図8.8　近鉄型縦まくらぎ

せておき、現地に搬入し、門型クレーン4基で吊上げ、仮設レールで運搬し、線路閉鎖の開始とともに、旧軌きょうを撤去し、道床上面を均し、振動ローラで転圧し、粒形10mm以下の豆砕石を30mm敷き均し、敷設作業を行っています．

敷設後約1週間経過した時点で、営業電車による応力測定を実施した結果によると、

①縦梁上縁のコンクリートの引張応力度は 2.1~14.0kgf/cm^2 であり、引張許容応力度を設計基準強度 350kgf/cm^2 の1/15と仮定しても、ひび割れに対しては十分安全である．

②縦梁は版状であるがレール方向の梁として作用しており、道床バラストの突固めの状態により縦梁上縁の引張力が変化する．

③レール圧力は輪重の 50~60% で、横まくらぎ軌道のレール圧力と同等であり、列車速度の増加に伴って増大する傾向がある．

④まくらぎの沈下量は 0.4~1.0 mm 程度であり、継目部でやや大きく、列車速度に比例して増大する．しかし、横まくらぎと比較すると沈下量は小さくなる．

等の縦まくらぎの利点が確認されました．

軌道狂いの測定結果からは敷設直後に保守を行い、その後の50日間では経過日数に伴いやや増加する傾向でしたが、平衡状態を保っていました．また、締結装置の異常やレールの波状摩耗の発生もなかったようです．

敷設後は実用性のあることが認められ、踏切部に適用を広げる検討も行われたが、まくらぎ形状が大きく重いこと、敷設位置の路盤が不良であったこと、大版であったため人力による道床バラストのタイタンパでの突固めが十分にできなかったこと、等の不具合によりその後は適用されなかったようです．

敷設後 4~5 年経過した時点で、軌道狂いが進行し、左右のレールの動きが相違するようになり、噴泥が発生したため横まくらぎに撤去・更新されたようです．

8.7　過去の縦まくらぎの問題点

過去に研究・開発が行われた縦まくらぎの構造諸元、繋材の構造、敷設実績および性能評価の比較を**表8.1** に示します．

各国が過去に行った縦まくらぎの研究・開発が十分な成果を納めることができなかったのは、つぎに示す事項が原因と推定されました．

①軌間を保持するためには山型鋼によるレール連結方式では不十分であり、経年により軌道狂いが増大

表8.1　縦まくらぎの構造諸元、繋材の構造、敷設実績および性能評価の比較

形式	構造諸元	繋材構造	敷設実績	性能評価
オーストリア国鉄方式　1928年	断面　70 × 30　（W(cm) h(cm) L(cm)） 重量　500 kg/m（1レール当たり） 軸重　17.7 tf 構造　RC構造	大型山型鋼+:（レール連結方式） 繋材間隔　2締結ごと	105.2 m （115yd.）	敷設後3年を経過した時点での観測では、90km/hの列車走向区間にも係わらず、外見上は欠陥は生ぜず、80km/hでの機関車通過レール沈下量は 3.8mmであった。
フランス国鉄方式　1946 ～ 1955年	断面　70 × 16.5 × 130（RC構造） 　　　70 × 16.5 × 280（PC構造） 重量　270 kg/m（1レール当たり）（RC構造） 軸重　不明 構造　RC構造　PC構造	山型鋼（レール連結方式）（80×80×10cm） 繋材間隔　2締結ごと（RC構造） 　　　　　4締結ごと（PC構造）	3,500 m	軌道試験車の走行では、隣接した木まくらぎ区間と比較して軌道狂いが格段に小さく、極めて乗り心地が良好で会った。 レール連結方式の山型鋼の繋材では、軌間保持機能が不十分であり、結果的には軌道保守に経費を要したようである。
山陽電鉄方式（第1次）　1957年	断面　50 × 14.5 × 180（W(cm) h(cm) L(cm)） 重量　150 kg/m（1レール当たり） 軸重　7.5 tf 構造　RC構造	RC構造（レール連結方式）（W7×h6cm） 繋材間隔　3締結ごと	20 m	RC構造の繋材断面が小さ過ぎたため、製作時にコンクリート充填が不良であり、繋材端部にひび割れが発生した。
（第2次）　1959年	断面　37 × 15 × 240 重量　125 kg/m（1レール当たり） 軸重　7.5 tf 構造　RC構造	RC構造（レール連結方式）（W15×h14cm） 繋材間隔　2締結ごと	50 m	繋材の連結度が小さかったため左右のレール相互間の連繋製が少なく、道床係数の少しの差により不等沈下を生じ、水準、軌間、通り狂いが起こりやすかった。昭和42年のレールの重量化による締結装置の不適合のため、撤去された。山陽電鉄では成功したと判断している。
ソ連国鉄方式　1958 ～ 1969年	断面　80 × 30 × 625（W(cm) h(cm) L(cm)） 重量　540 kg/m（1レール当たり） 軸重　不明 構造　PC構造	RC構造の梁をPC鋼棒で繋結 繋材間隔　縦梁の両端に 2箇所	1,325 m	縦まくらぎ軌道の安定性は良好であり、軌道狂いによる保守量は横まくらぎ軌道の1/2～1/3となった。繋材の接合方法がPC鋼棒の繋結によるヒンジ構造だったため、繋材の回転で軌間縮小や軌道狂いが発生した。
国鉄方式　1959年	断面　65 × 30 × 660（W(cm) h(cm) L(cm)） 重量　394 kg/m（1レール当たり） 軸重　KS-16 構造　PC構造 断面　65 × 30 × 1,000（W(cm) h(cm) L(cm)） 重量　560 kg/m（1レール当たり） 軸重　KS-16 構造　RC構造	RC構造の梁を縦梁と一体成形による剛結構造 縦梁間隔　縦梁の両端、中間 2箇所の計 4箇所 RC構造の梁を縦梁と一体成形による剛結構造 縦梁間隔　縦梁の両端、中間 3箇所の計 5箇所	125.6 m	敷設直後はまくらぎの製作精度の不良によるまくらぎの反りやねじれ、敷設時の施工誤差の調整不良による狂い等による軌道狂いが生じた。 ポリモルタルによる通り狂い等の整正より軌道状態はかいぜんされ保守量が大幅に軽減された。ロングレール化に伴い撤去された。
近鉄方式　1960年	断面　60 × 17 × 109.5（W(cm) h(cm) L(cm)） 重量 軸重 構造　RC構造	山型鋼（レール連結方式）（65×65× 6cm） 繋材間隔　2締結ごと	225 m	敷設直後は良好な起動状態であったが、4～5年経過して軌道狂いが進行し、左右のレールの動きが相違し、噴泥が発生したため、撤去された。

し、軌道保守量が増加し、省力化の効果が確保できない.

② RC 構造の横梁と縦梁とをボルトで接合する方式も軌間保持はレール連結方式と同様であり、軌間保持能力が不十分であった.

③型わくの製作精度が不十分であり、締結装置の通りの不良、PC 鋼材の配置誤差による縦梁の「ねじれ」あるいは「そり」による高低の狂い、縦梁端面の直角度の不良によるまくらぎ配置不良等の問題が発生し、軌道狂いの原因となった.

④縦まくらぎの重量が重く、敷設用機器の能力が不十分であった.

⑤縦まくらぎの梁幅が 37~80cm と広く、タイタンパによる道床バラストの突固めが十分に行えなかった.

縦まくらぎを使用した省力化軌道を研究・開発するためには、以下の事項を構造的に、機能的に解決する必要があると考えられます.

①縦梁と軌間保持のための繋材とは剛結構造となるように、一体成形により製作する.

②繋材は、曲げ変形に対する柔軟性を有し、且つ、縦梁の小返りを抑制するために高剛性を有する材料および形状で製作する.

③型わくの製作精度を向上させる.

④縦梁の梁高を低くし、縦まくらぎの重量を軽減させる.

⑤縦梁の梁幅を小さくし、タイタンパによる道床バラストの突固めが十分行えるようにする.

⑥軌道の剛性の連続一様化を図るため、縦梁の継目を少なくする. すなわち、施工性の制約のもとで可能な限り長いのもとする.

以上の考察の基にラダーマクラギ（以下、ラダーまくらぎという）が開発されました.

8.8　ラダーまくらぎ軌道

バラスト道床上の縦まくらぎ軌道および横まくらぎ軌道の道床圧力分布を FEM 解析すると**図 8.9** のようになります[8-9]. **図 8.9** より縦まくらぎ軌道の道床圧力は、レールと縦梁とが合成された複合梁として作用し、線路方向に 1 台車で 1 つの圧力分布塊となる緩やかな分布で圧力の最大値は 0.080~0.100MPa の範囲となり、横まくらぎ軌道の場合はまくらぎが間欠的に配置されているため、輪重直下あるいは輪重に近接するまくらぎ下に大きく作用し、道床圧力の等圧線は蜜となり、その最大値は 0.140~0.160MPa の範囲となっています. 縦まくらぎ軌道の 1.60~1.75 倍となります. これより縦まくらぎ軌道の荷重分散性能のよいことが解析されました.

繰返荷重による道床の沈下は、道床圧力の 2 乗に比例して増大する傾向があると報告されています[8-10]. また、まくらぎ下面圧力が同程度であれば道床振動加速度が小さいほど道床変位の進行が小さくなり、道床沈下に有効に働く下限値（閾値）がまくらぎ下面圧力に存在する可能性があると報告されています[8.10]. これらより縦まくらぎ軌道の道床圧力は横まくらぎ軌道の 2/3~1/2 となるので、縦まくらぎ軌道では縦梁とレールが複合梁としての効果を加えると沈下量は横まくらぎ軌道の 1/4~1/8 になると推定されます.

以上のように縦まくらぎ軌道は省力化軌道を可能とする構造と考えられました. 過去のオーストリア国鉄、フランス国鉄、ソ連国鉄および山陽電鉄、旧国鉄、近鉄の試みから得られた貴重な挑戦結果の構造上の課題は、

①横まくらぎ軌道と比較して軌道長当たりの重量が大きくなりすぎないこと

②軌間保持機能を十分確保すること

でした.

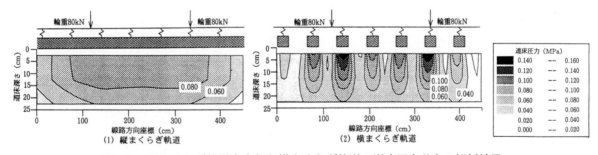

図 8.9　縦まくらぎ軌道中央部と横まくらぎ軌道の道床圧力分布の解析結果

8.8.1　縦まくらぎの構造的要点

構造的要点は以下のとおりです.

①荷重分散機能を担う縦梁は、プレテンション方式 PRC 構造とする. PRC 構造とは通常の使用状態においてひび割れの発生を許容し、異形鉄筋－異形 PC 鋼より線を使用－の配置とプレストレスの導入により、ひび割れ幅を制御する構造とする.

②重量減を図るため可能な限り断面を小さくする. 梁高はレール締結装置の埋込長さとそのかぶりから、梁幅はレール締結装置の設置幅とかぶりから決定する.

③軌間保持機能を担う繋材は剛性を有するものとし、縦梁と一体成形して剛結とする.

繋材には厚肉小径鋼管を使用し、鋼管内部は無収縮モルタルを充填して座屈変形を防止する．繋材の配置間隔はレール締結間隔の4倍(2.5m)とする．

8.8.2　縦梁曲げモーメントの評価

縦梁の曲げモーメントの評価に当たっては、以下の要因について検討されました．

①基本的には弾性支承上の梁として機能するため、一様支持を基本状態とする．

②降雨災害時による小規模な路盤の流出が発生した場合や地震時に部分的な路盤陥没が発生した場合（2~3 m に亘って支持を完全に消失した状態）を想定し、間欠支持状態とする（**図8.10** 参照）[8-11]．

③縦梁上にレール継目が存在し、その衝撃が作用する状態とする．

④ラダーまくらぎの型わくからの脱型時および運搬時の吊上げた状態とする．

⑤バラスト道床の突固め時のラダーまくらぎ扛上時の状態とする．

上記の要因に対する検討結果を**図8.11~8.13** に、集計結果を**図8.14** に示します．**図8.10** のまくらぎが連続して敷設された状態を俯瞰すると大きな梯子状の軌道となり、ラダー(Ladder)まくらぎ軌道と名付けられました．

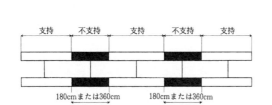

図8.10　想定間欠支持状態

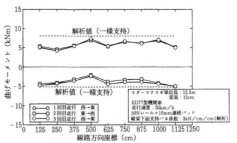

図8.11　通常支持状態の縦梁曲げモーメント

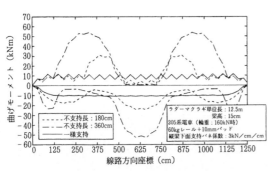

図8.12　間欠支持状態の縦梁曲げモーメント

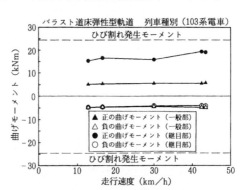

図8.13　レール継目部の縦梁曲げモーメント

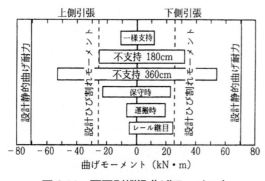

図8.14　要因別縦梁曲げモーメント

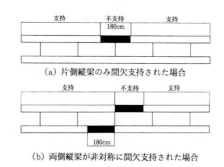

図8.15　繋材解析用間欠支持状態

8.8.3 繋材に作用する応力の評価

ラダーまくらぎの繋材に作用する応力検討は、**図 8.15** に示す縦梁の間欠支持状態を想定しています[8-11]. 図中(a)の支持状態は繋材に対する曲げモーメントを評価するものであり、(b)の支持状態は繋材のねじりモーメントを評価するものです.

8.8.4 縦梁の断面設計

図 8.14 に示した一様支持状態、間欠支持状態（不支持区間 180cm）、保守時に 30mm 縦梁を扛上させた状態、運搬時に 2 点で吊り上げた状態およびレール継目での衝撃荷重状態の曲げモーメントを設計ひび割れモーメントとし、不支持区間 360cm の状態を設計終局モーメントに設定し断面設計を行った結果、**図 8.16** に示す断面寸法に異形 PC 鋼より線（φ4.22mm × 3 本を上下各 9 本計 18 本）の配置となりました[8-12].

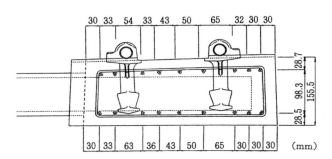

図 8.16　断面寸法と PC 鋼より線の配置

8.8.5 耐荷性能確認試験

図 8.16 に示した断面で縦梁単体の供試体を製作し、曲げ載荷試験およびせん断載荷試験を実施して耐荷性能の確認を行っています.

縦梁単体の供試体曲げ載荷試験は**図 8.17** に示す方法[8-12]で行い、同図に示す試験結果が得られました. その結果、**図 8.14** に示したように一様支持、保守時、運搬時およびレール継目部でひび割れが発生しない設計ひび割れモーメントが確保でき、不支持長 360cm の間欠支持状態時に対しても十分な曲げ耐力が得られることが確認されました.

縦梁のせん断耐力を確認するため**図 8.18** に示す載荷方法[8-12]で試験を行い、同図に示す試験結果が得られました.

載荷試験の結果、間欠不支持状態（360cm）における曲げ耐荷力に対する破壊安全度は 1.3 と、せん断試験の結果せん断に対する破壊安全度は 1.4 となることが確認されました. 曲げに対する破壊安全度に対し、せん断に対する破壊安全度が大きいことが確認され、ラダーまくらぎを使用した軌道において不支持区間が発生しても縦梁にせん断による破壊が先行して破壊することが回避できると判断され、安全性が確認されました.

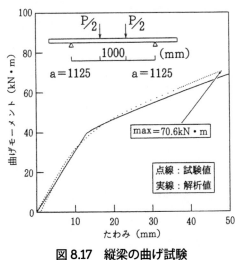

図 8.17　縦梁の曲げ試験

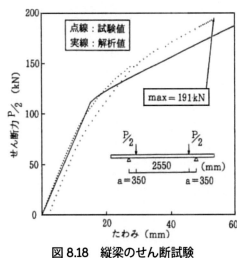

図 8.18　縦梁のせん断試験

8.8.6 その他の耐荷力確認試

　ラダーまくらぎには縦梁中に繋材（φ76.3mm の鋼管）および信号ケーブル等が横断できるようケーブル横断用孔（φ40mm の鋼管）が埋め込まれているので、**図8.19** に示すラダーまくらぎ供試体（L=5,000mm）で曲げ試験を行っています[8-11]．その結果、曲げ耐力の計算値を超える荷重を載荷しても破壊することなく、繋材埋込部あるいはケーブル横断用孔部は特別悪影響を与えないことが確認されました．

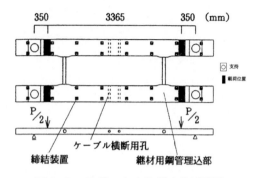

図 8.19　ラダーまくらぎの曲げ試験

　つぎに繋材の埋込部についての確認試験です．一方の縦梁に不支持区間が生じた場合を想定した縦梁にたわみ差が生じた場合の検証としてたわみ差試験（**図8.20** 参照）[8-12]、不支持区間が左右の縦梁に非対称に生じ場合の先端載荷試験（**図8.21** 参照）[8-12]が行われました．たわみ差試験ではたわみ差が 65mm となるまで載荷しましたが、繋材埋込部にはひび割れは発生せず、縦梁のせん断破壊も発生しませんでした．先端載荷試験では縦梁のせん断破壊、縦梁のねじり破壊、繋材の座屈破壊も発生せず、片持部先端のたわみが 74mm に達した時に支点位置で縦梁が曲げ破壊が発生しました．縦梁に非対称に不支持区間が生じた状態で列車荷重が作用しても繋材のねじりモーメントにより繋材埋込部に損傷が生じることなく、ラダーまくらぎの耐荷力は縦梁の曲げ耐荷性能に支配されることが明らかになりました．**図8.22** にたわみ差試験状況を、**図8.23** に先端載荷試験状況を示します．

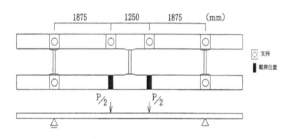

図 8.20　たわみ差試験

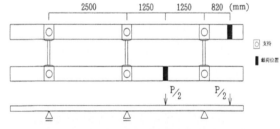

図 8.21　先端載荷試験

図 8.22　たわみ差試験状況

図 8.23　先端載荷試験状況

8.8.7　バラストラダーまくらぎ軌道

　ラダーまくらぎは開発当初は**表8.2** に示す延長のものがありました．まくらぎ長さに種類があるのは敷設区間にある曲線区間の半径により対応させるためであり、また敷設区間の延長に対応させるために計画されました．しかし、種類を多くすると型わく種類が増えて経済性が問題になるため、運搬上の条件、等々考慮して呼び名 6.25m を標準長としました．呼び名 6.25m を**図8.24** に示します．一様支持されたラダーまく

表 8.2　ラダーまくらぎの種類と延長

呼び名 (m)	締結間隔 (cm)	締結数 個	縦梁長さ (m)	繋材本数 (本)	離れ (m)	備　　考
5.00		8	4.90	2	1.200	
6.25		10	6.15	3	0.575	定尺レールの1／4
7.50	62.5	12	7.40	3	1.200	
10.00		16	9.90	4	1.200	
12.50		20	12.40	5	1.200	定尺レールの1／2 運搬可能な最長のもの

注）表中離れは 繋材中心から縦梁端までの距離 を表す。

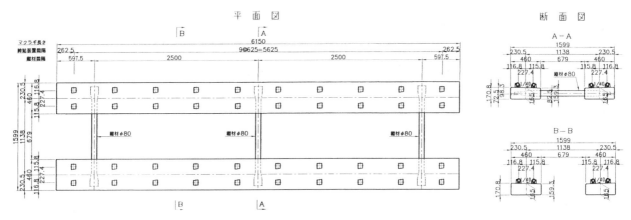

図 8.24　呼び名 6.25m のラダーまくらぎ

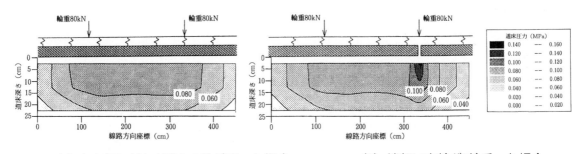

(1) 中央部に対し対称に2輪が乗った場合　　　(2) 端部に車輪が1輪乗った場合

図 8.25　道床圧力の分布[8-9)]

らぎ中央部に対し対称に車輪2輪が位置した場合とラダーまくらぎ端部に車輪1輪が位置した場合での道床圧力を有限要素解析した結果を**図 8.25** に示します．解析結果によるとラダーまくらぎ端部に車輪が1輪乗った場合は端部下の道床圧力が狭い範囲に大きく分布し、横まくらぎの場合の車輪直下のまくらぎ下の道床圧力（**図 8.9** 参照）に類似することが判明しました．

　繰返し載荷試験を実施して、**図 8.25** の道床圧力分布の影響（軌道の沈下進み係数）が確認されました．鉄道総研の日野土木実験所に試験軌道を敷設し、DYLOC（移動式軌道動的載荷試験装置）を使用して繰返し載荷試験を行い、ラダーまくらぎ中央部と端部の軌道の沈下進み係数（沈下特性）の確認試験が実施されました．試験に使用したラダーまくらぎは呼び名 7.50m のもので、**図 8.26** に試験軌道の載荷位置を示します．荷重は 70kN ± 30kN で、載荷振動数は 7Hz で行われました．DYLOC 載荷試験の結果を**図 8.27** に示します．**図 8.27** には横まくらぎで一般的な3号まくらぎでの同等な試験条件での試験結果、および試験結果の近似式を示しました．

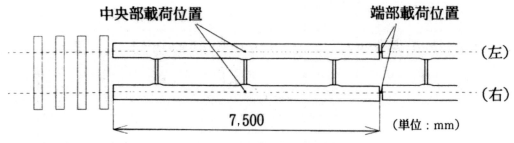

図 8.26 DYLOC 載荷試験の載荷位置[8-12)]

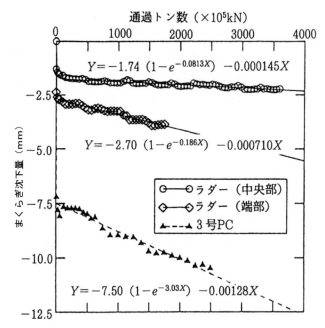

図 8.27 ラダーまくらぎ軌道と横まくらぎ軌道の沈下特性[8-12)]

図中の式は

$$Y = \alpha(1-e^{-\gamma}) + \beta X \quad \cdots (4)$$

　　　　ここに、Y：まくらぎ沈下量(mm)

　　　　　　　　X：通過トン数(kN →荷重繰返し回数×最大荷重)

　　　　　　　　α：初期沈下係数

　　　　　　　　β：沈下進み係数

　　　　　　　　γ：係数

と表される鉛直変位量(まくらぎ沈下量)と繰返し数(通過トン数)との近似式です．この β の値を比較することにより軌道の沈下量すなわち保守量の大小が判断されます．ラダーまくらぎ軌道と横まくらぎ軌道との沈下進み係数を比較するとラダーまくらぎ軌道の沈下特性は、横まくらぎ軌道の約 1/8.8 となり、ラダーまくらぎ軌道は省力化軌道として有望と判断されます．ラダーまくらぎにおいては中央部と端部とを比較すると沈下進み係数は端部が約 1/4.9 となり、弱点となりそうです．そこで、**図 8.28** に示す縦梁端部接合装置が考案されました．隣接するラダーまくらぎの端部を鋼板 2 枚で縦梁を両側から挟み込み、ボルトで緊締方式でした．しかしながら、片側の縦梁を緊締するためには 16 本、両側で 32 本のボルト締めとなり、ナットの締め付けに要する時間および作業空間の制約による緊締力の均一性の確保、等々問題があり、他に数種類の装置が試作されましたが、試験敷設に使用するに止まりました．

図 8.28　縦梁端部接合装置[8-9]

　この試験結果を基に、縦梁端部に荷重が作用した場合の軌道沈下係数の縮減を図るため**図 8.29**に示す形状に改良されました．縦梁端部付近に端部閉合梁が増設されました．閉合梁は、パーシャルプレストレス状態となるよう PC 鋼棒でプレストレスが導入されています．以後、端部閉合梁式ラダーまくらぎが標準形式となりました．**図 8.29**に示したラダーまくらぎの締結装置は調整型パンドロールショルダー（以下、調整型ショルダーという）ですが、曲線部に対応するため埋込栓を使用したタイプレート型締結装置用も用意されました．さらに、呼び名 3.75m のもの（**図 8.30**参照）および伸縮継目用（**図 8.31**参照）も供給されるようになりました．呼び名 3.75m のラダーまくらぎは、敷設区間長の端数調整用および比較的小半径の曲線区間用に使用されます．

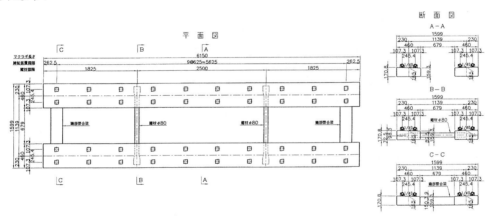

図 8.29　端部閉合梁式呼び名 6.25m のラダーまくらぎ

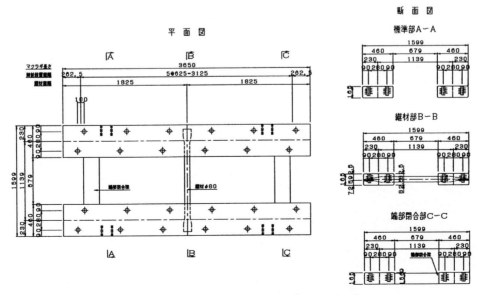

図 8.30　呼び名 3.75m のラダーまくらぎ

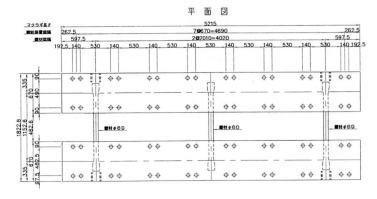
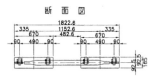

図 8.31　伸縮継目用のラダーまくらぎ

図 8.32　伸縮継目部の敷設状況

　伸縮継目用ラダーまくらぎは、通常区間用のものの縦梁幅を 460mm から伸縮継目用締結装置床版の設置を可能とするため 670mm に拡大させたものです．締結装置にパンドロール方式を採用した伸縮継目ラダーまくらぎ用も設計されています．**図 8.32** に伸縮継目用ラダーまくらぎの敷設状況示します[8-13]．

　1995 年にバラストラダーまくらぎ軌道の耐久性および保守省力化効果を確認するために米国コロラド州プエブロにある輸送技術センター（TTCI）の重軸重実験線に 9.0m × 6 体 54m が敷設されました．試験列車は機関車 4 両、満載貨車 77 両（軸重 35tf）の編成で 64km/h で走行しました．バラストラダーまくらぎ軌道の高低狂いの進行は初期沈下終了後からは極めて緩やかであり、横まくらぎ軌道に比べて極めて小さいことが確認されました．

　2017 年に北京市にある中国鉄道科学研究院東郊分院環形鉄道（円形の試験線）に、標準軌用バラストラダーまくらぎ縦梁厚さ 220mm−6.0m、縦梁厚さ 170mm−6.0m それぞれ 30 体、計 360m が試験敷設され、160km/h 走行試験が実施されました．最高速度 164km/h での軌道の安全性、等が測定され、220mm 供試体および 170mm 供試体共にほぼ同等な値が得られ、横まくらぎ軌道と比較して同等以上の測定結果が得られたようです．

8.8.8　フローティングラダーまくらぎ軌道

　フローティングラダーまくらぎ軌道とはラダーまくらぎの縦梁を防振材あるいは防振装置で間欠的に支持する軌道構造で、横まくらぎ軌道の弾性まくらぎ直結軌道に対応するものです．ラダーまくらぎは当初バラスト道床軌道の省力化を念頭に開発されたまくらぎで、設計時の支持条件として**図 8.10** に示した間欠支持状態（部分的路盤陥没状態）が考慮されています．**図 8.14** に示した要因別縦梁曲げモーメントの不支持 180cm の場合はほぼ設計ひび割れモーメントを満足するので、この耐荷力を積極的に活用して防振材等で

1.25~1.50m で支持するフローティングラダーまくらぎが開発されました．直結軌道はほとんどの場合、高架橋上、コンクリート橋上、あるいはトンネル内のコンクリート路盤上に敷設され、間欠支持状態を積極的に利用するのは合理的と考えられます．フローティングラダーまくらぎ軌道を防振材等で分類すると**図8.33**のようになります．

L型コンクリート台座式フローティングラダーまくらぎ軌道（以下、L型Fラダー軌道という）は、**図8.34**に示すように構造物躯体上にレール方向に連続したL型の台座コンクリート上に縦梁下面に 1.25m 間隔に貼付された独立気泡型ポリウレタン製防振材（ばね定数 20MN/m：以下、防振材という）を介して支持されます．レール直角方向の荷重に対しては縦梁側面とL型台座の立上り部分との間隙に 2.5m 間隔に挿入された緩衝材（ばね定数 30~50MN/m）で抵抗する構造です．なお、L型コンクリート台座のコンクリートは、一般的に軌道の通り・高低の位置決めが終了後打ち込まれます．

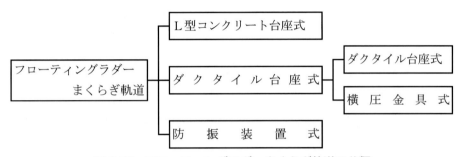

図8.33　フローティングラダーまくらぎ軌道の分類

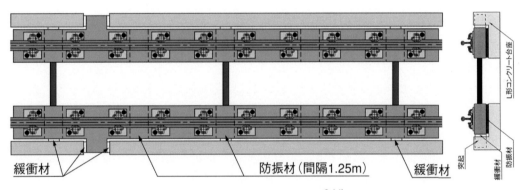

図8.34　L型Fラダー軌道[8-14]

ダクタイル台座式フローティングラダーまくらぎ軌道（以下、ダクタイル式Fラダー軌道という）を**図8.35**に示します．この方式も縦梁下面に 1.25m 間隔に貼付された防振材（図中オレンジ色）にダクタイル台座を位置合わせして設置して支持する構造です．軌道の通り・高低の位置決め後台座コンクリートを打ち込みます．ダクタイル台座には鉛直方向荷重のみを負担するものおよび鉛直方向荷重とレール直角方向荷重を負担するもの、レール方向荷重は縦梁から突出した突起をU型の台座で負担する突起用のものが有ります．

レール直角方向およびレール方向の荷重に対しては緩衝材（図中黄色）を介して伝達される構造です．防振材は 1.25m 間隔、緩衝材は 2.50m 間隔で配置されます．L型ダクタイル台座を**図8.36**に示します．この他に突起部分を支持する突起用（L型を対象に2個接合したような形状）とダクタイル製品には2種類があり、経済性を検討して**図8.37**に示すダクタイル製固定装置（横圧支持金具）が開発されました．横圧支持金具は**図8.35**に示す緩衝材が設置される位置に配置されます．横圧金具式フローティングラダーまくらぎ軌道（以下、横圧金具式Fラダー軌道という）と呼ばれます．

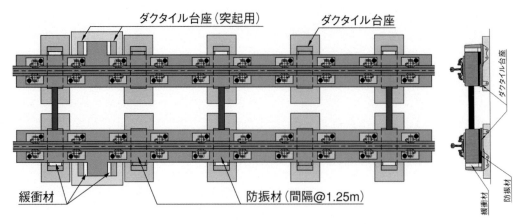

図 8.35　ダクタイル式 F ラダー軌道[8-14]

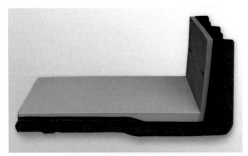
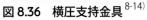

図 8.36　横圧支持金具[8-14]

図 8.37　横圧支持金具[8-14]

　防振材は L 型 F ラダーと同様、縦梁下面に 1.25m 間隔に貼付され高さ調整コンクリートで支持します．レール方向荷重抵抗用突起を軌間内規側に設け、横圧支持金具を軌間内に設置した横圧金具式 F ラダー軌道を**図 8.38** に示します．

　防振装置式フローティングラダーまくらぎ軌道（以下、防振装置式 F ラダー軌道という）は、**図 8.39** に示す天然ゴムと溝形鋼とで構成される防振装置により縦梁が支持されるラダー軌道です．天然ゴムは鉛直方向のばね定数は 15~20MN/m、線路直角方向のばね定数は 20~25MN/m、線路方向のばね常数は 3~5MN/m であり、溝形鋼に加硫接着させた装置です．防振装置式 F ラダー軌道はこの防振蔵置を 1.56m 間隔に**図 8.40** に示すように配置されます．

図 8.38　横圧金具式 F ラダー軌道

図 8.39　防振装置[8-14]

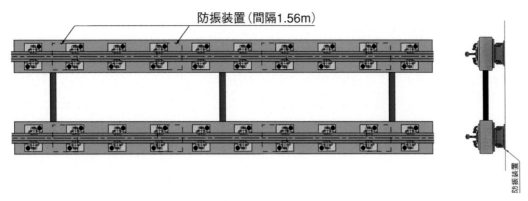

図8.40　防振装置式Fラダー軌道 [8-14]

上記4形式のFラダー軌道の特徴を比較すると次のようになります.

①施工性

横圧金具式Fラダー軌道≒ダクタイル式Fラダー軌道＜L型Fラダー軌道

≦防振装置式Fラダー軌道

各形式とも弾性直結軌道の施工法を応用すれば、比較的容易に施工されると考えられます. ダグタイル台座は縦梁側面に設置されたインサートにボルト止めおよび容易な治具を用いてラダーまくらぎに固定されています. 防振装置は縦梁下面に固定用の鋼板が埋込まれているので、防振装置はボルトで固定されており比較的容易に施工可能です.

②省力化性能

L型Fラダー軌道 ≒ 横圧金具式Fラダー軌道 ≒ ダクタイル式Fラダー軌道

≒ 防振装置式Fラダー軌道

軌道の省力化については4種の軌道構造ともほぼ同等と判断されます. 敷設後の経年による防振材および緩衝材、あるいは防振装置のゴムの劣化がどの程度となるかが今後の課題と考えられます.

③環境性能

防振装置式Fラダー軌道＞L型Fラダー軌道 ≒ 横圧金具式Fラダー軌道

≒ ダタイル式Fラダー軌道

防振装置式Fラダー軌道とL型Fラダー軌道、横圧金具式Fラダー軌道およびダクタイル式Fラダー軌道とを防振効果について比較すると、防振装置式Fラダー軌道が多少大きな効果が得られます. これは防振装置の鉛直方向ばね定数が多少さ小さいのが影響していると考えられます. L型Fラダー軌道は防振効果が期待されそうで、消音効果については、躯体コンクリート上に消音バラストを撒布することにより3dB前後の効果が得られるようです.

④ 経済性

横圧金具式Fラダー軌道 ≒ ダタイル式Fラダー軌道 ≦ L型Fラダー軌道

＜防振装置式Fラダー軌道

施工性、省力化性能および環境性能から判断すると、上記の関係と考えられます. L型Fラダー軌道と横圧金具式Fラダー軌道との差は大きいものではなく、かなり近い関係と考えられます. 防振装置式Fラダー軌道は装置が多少高価なためと考えられ、線路の上方に騒音あるいは振動を遮蔽する必要のある構造物が構築される場合には適用可能な軌道構造と考えられます.

以上、施工性、省力化性能そして環境性能に対へ比較しましたが、Fラダー軌道に共通して備えている効用として積雪地方における貯雪型軌道を構成できる利点です. 各Fラダー軌道の高さ調整コンクリートの高さを増加させることにより可能となります.

8.8.9　ラダーまくらぎの敷設状況

　ラダーまくらぎの敷設状況を**図 8.41** に示します [8-15]．2018 年度時点での数値ですが約 60km 程度で、バラスト軌道用とフローティング軌道用の比は 1.0:1.4 程度でのようです．バラストラダー軌道用は通常区間、伸縮継目区間、踏切道、橋台裏、開渠部等の保守量低減化のために、フローティンラダー軌道用は高架化あるいは地下化に伴う改良工事時に環境問題・省力化のために 31 鉄道事業者に採用されています．

　因みに、中国においてもラダー軌道が採用されており、北京市地下鉄、上海市地下鉄、広州市地下鉄等に主として F ラダー軌道が採用され、その敷設延長約 300km となっています．

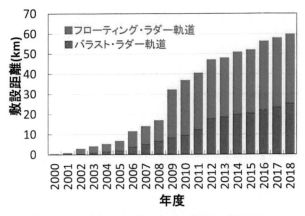

図 8.41　国内におけるラダー軌道の敷設状況

　また、北京市にある中国国鉄の円形の試験線に敷設されたバラスト軌道では約 165km/h で、L 型ラダー軌道では約 220km/h での試験走行が実施され、安全性等が確認されているようです．

9. おわりに

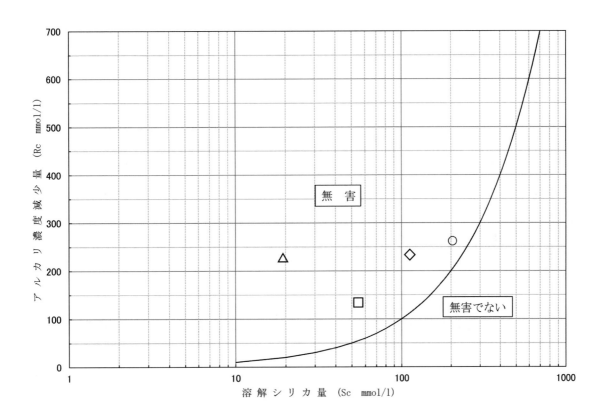

9. おわりに

　まくらぎに要求される性能、まくらぎに使用される素材、PC まくらぎの開発経緯、我が国における PC まくらぎの発達史、許容応力度方法による設計の考え方、プレテンション方式あるいはポストテンション方式による製作方法および PC まくらぎに発生する損傷、近年軌道保守の省力化のために開発された弾直まくらぎ、開発されて約 20 年になるラダーまくらぎ軌道について記述しました.

　木まくらぎや合成まくらぎの素材については諸先輩の著書に詳細に記述されているので、概要にとどめました.

　我が国の PC まくらぎの発達史については PC まくらぎの形状と対象とした締結装置を同一図に表現する工夫を行い、PC まくらぎ断面の変更の試行、PC 鋼より線の配置の変更・工夫、締結装置の変遷を図示させました. 昭和 26 年~30 年の 5 年間の先人の試行と努力とを窺うことができます. 西欧より約 10 年遅れて開始され、戦後の混乱期、物資不足の中 PC まくらぎの研究・開発により 3 号 5 型が規格化さる昭和 36 年までの 10 年間は外国技術の修得ならびに基礎研究期で、その後の鉄道輸送量の増加、ロングレール化の進行等による PC まくらぎの需要量の増加、特に東海道新幹線の建設による短期間で約 160 万本を製作させる技術力の確保を可能としました. と同時に、当時の国鉄ならびに PC まくらぎ事業者の努力がコンクリートの品質管理体制の確率・向上に関与したものと考えられます.

　PC まくらぎの開発当初は、まくらぎは「取替え部材」という観念がどこか隅の方にあり、設計に対しては経験を重視したように思われます. しかしながら人件費の高騰、東海道新幹線における毎日夜間作業に約 2,000 人が保線作業に従事していた事情や少子・高齢化による労働力不足の問題から、取替え部材の考え方は拭われ、小さいプレストレストコンクリート構造物と考えられるようになり、現在では性能照査型設計法による経済的で合理的な設計による断面形状が求められるようになり、コンクリート構造物として設計されるようになりました.

　PC まくらぎに発生する損傷の大部分は、プレストレストコンクリート構造物に発生するものの縮図と考えられます. ASR も例外ではないようです. ASR の対策も同様です.

　対策方法は再掲になりますが、
・コンクリート中のアルカリ総量を Na_2O 換算で $3.0kg/m^3$ 以下に抑える.
・高炉セメント B 種、C 種、またはフライアッシュ B 種、C 種などの混合セメントを使用する.
・ASR が無害と判定される骨材を使用する.
です. 十分注意して下さい.

　『PC まくらぎの話』初版を著そうと考えたのは 2008 年（平成 20 年）でした. PC まくらぎの還暦までには 5 年が見込まれたので十分可能と考えていましたが、開発時の PC まくらぎの図面の作成に思わぬ時間を要しました. 主として旧日本国有鉄道で開発されたまくらぎならびに各旅客鉄道社のまくらぎについての説明となりました. 初版をまとめるに当たりご指導戴いた山本　強博士、ならびに資料提供を戴いた PC マクラギ工業会、日本木材防腐工業組合、積水化学工業株式会社、極東興和株式会社、写真の使用を許諾下さった鉄道事業者、図の引用を許諾下さった公益社団法人土木学会、公益財団法人鉄道総合技術研究所、ならびに引用させて戴いた著書の著者諸先輩に篤く御礼申し上げます.

　改訂版を考えたのは開発、普及に携わったラダーまくらぎに関する記述がなかったこと、PC まくらぎを使用した直結系軌道の記述が欠落していることが指摘されたためであり、技術報告書ならびに論文とは異なる視点から PC まくらぎについて著しました.

　なお、ラダーまくらぎの商品名は「ラダーマクラギ」です. まくらぎの表記は JIS の用語では「まくらぎ」なので、ラダーまくらぎと表記しました.

　初版でも書きましたが、ホームに立ち列車が到着するまでの時間に線路を眺めてください. PC まくらぎ

の形状、製作年、製作会社、軌道構造の種別、レールに対し直角に敷設されたもの、レールと並行に敷設されたもの等々の情報が目に入ります．ただし、ホームからの転落には十分気を付けてください．

　改訂版を出版するにあたり、三省堂書店編集担当の高橋淳氏外、皆様に御尽力頂きました。ここにお礼申し上げます。

2024 年 3 月

PC まくらぎ研究所　　井上　寛美

用語の説明

用語の説明

インディビデュアル・モールド方式：プレテンション方式のコンクリート部材の製作用型わくで、PC鋼材の引張力の反力も分担できる型わくで、コンクリート成形用型わくと引っ張り力の反力装置が一体となっているので一体型型わくという.

駅構内準本線：停車場に設けられ常用する線路で、同一方向の列車運転に使用する線路が2本以上ある場合で、主として使用する線路を本線といい、それ以外の本線を言う..

横圧：車輪とレール間に作用する車軸方向の力.

軌間：軌道中心線が直線区間でレール頭部(レール頭頂面から14~16mm下の部分)間の最短距離、ゲージともいう. 軌間が1,435mmのものを標準軌といい、これより狭い軌道を狭軌、広いものを広軌という.

Table 1　軌間一覧

軌　間		線 名 あ る い は 鉄 道 事 業 者 名
標準軌	1,435	東海道新幹線、山陽新幹線、東北新幹線、上越新幹線、九州新幹線、北海道新幹線、北陸新幹線
		山形(ミ)新幹線、秋田(ミ)新幹線
		京成電鉄、京浜急行電鉄、阪急電鉄、阪神電気鉄道、近畿日本鉄道(除：南大阪線、吉野線、道明寺線、長野線、御所線)
		京阪電気鉄道、西日本鉄道(除：貝塚線)、新京成電鉄、北総電鉄、芝山鉄道、箱根登山鉄道、京福電気鉄道、叡山電鉄
		山陽電気鉄道、北大阪急行電鉄、能勢電鉄、北神急行電鉄、広島電鉄、高松琴平電鉄、筑豊電気鉄道、
		仙台市地下鉄東西線、東京メトロ(銀座線、丸ノ内線)、都営地下鉄(浅草線、大江戸線)、横浜市地下鉄、京都市営地下鉄
		名古屋市営地下鉄(東山線、名城線、名港線)、大阪市高速電気鉄道、神戸市営地下鉄、福岡市地下鉄七隈線
		長崎電気軌道、熊本市交通局、鹿児島市交通局
狭　軌	1,372	京王電鉄(除：井の頭線)、東急電鉄世田谷線
		都営地下鉄新宿線
		函館市企業局交通部、都電荒川線
	1,067	JR在来線、東武鉄道、西武鉄道、東京電気鉄道、小田急電鉄、相模鉄道、名古屋鉄道、南海電鉄、外に多数の民鉄
	762	四日市あすなろう鉄道八王子線、三軌鉄道北勢線、黒部渓谷鉄道

軌きょう：レールとまくらぎを梯子状に組み立てたもの.

軌道：土路盤上または高架橋上にバラストを介して軌きょうを敷設(有道床軌道)したもの、またはコンクリート道床等(直結軌道)に軌きょうを敷設したもの.

繋材：ブロックを連結する鋼材をいい、ツーブロックまくらぎおよびラダーまくらぎで使用.

コンクリートの圧縮強度：一軸圧縮載荷時の最大荷重を供試体の断面積で除した値をいい、単にコンクリートの強度といえば圧縮強度を指す.

図心：断面の重心位置

早強セメント：早強ポルトランドセメントの通称で、普通セメントに比べ早期に高い強度を発現するセメント.

スランプ：まだ固まらないコンクリートのコンシステンシー(水分の多少による柔らかさや流動性の程度を表す指標)の指標の1つ. コンクリートの自重によって崩れようとする力に抵抗する力が釣り合った時の高さの減少量で表す.

即時脱型方式：コンクリート部材の製作方法の1つで、超硬練りのコンクリートを型わくに打込み、強力な振動締固めあるいは圧力を加えて成型し、直ちに型わくを取外す方法.

側線：停車場に設けられた線路で列車の運転に常用しない線路で、車両入替え、留置などを目的としたもの.

弾性締結：列車通過時に生じる荷重の緩和と振動の吸収を目的としたレールの締結方法.

断面二次モーメント：まくらぎで説明すると荷重が作用するときに曲げモーメントが働いた場合、レール位置断面では上面には圧縮力が、下面には引張力が働くが、この時の変形のしやすさを表す.
断面一次モーメントと違って、中立面からの距離の2乗をかけるので2次になっています.

ダボ：ポストテンション方式PCまくらぎでPC鋼材の位置保持・緊張用空間を確保するためのまくらぎ端部の凹部.

直結軌道：コンクリート路盤に直接軌きょうを設置する方式の軌道、あるいは鉄桁に直接レールを定着する方式の軌道.

ツーブロックまくらぎ：ブロック(短まくらぎ)を繋材で連結し、個々のブロックでレールを締結・支持するまくらぎ.

鉄筋コンクリートまくらぎ：列車荷重による応力に対し、鉄筋で補強したコンクリートで製作されたまくらぎ.

道床：軌きょうを支持し、列車荷重を路盤に分布・伝達をする軌道の部分.

道床反力：列車荷重の作用により道床に作用した力が反力としてまくらぎに作用する力.

道床横抵抗力：バラスト道床中のまくらぎがレールの直角方向に移動しようとする時の抵抗力.

通り直し：軌間線(レール頭頂面から14~16㎜下を軌道の長手方向に結んだ線)の左右の変位を修正する作業. 通り狂いがあると車両の左右動が発生する.

トラス橋：H型断面等の細長い部材を両端で三角形構造(トラス)に組立て、それを繰り返して構成した桁を用いた橋梁.

粘着運転：粘着とは列車の加速するための駆動力やブレーキ力の伝達を可能にするレール・車輪間の摩擦力をいい、この粘着力で列車を制動する運転方法を言う.

バラストレス道床：道床の構成材料にバラストを使用しない軌道をいい、直結軌道等をいう.

バラストの中空かし：PCまくらぎの中央部分の道床バラストをある区間支持しないようバラストを散布した状態.

パーシャルプレストレス：使用状態の荷重(列車荷重作用時)に対して引張領域のコンクリートに引張応力の発生をある程度許容程度にPC鋼材でプレストレスが付与された状態をいう(Fig.1 参照).

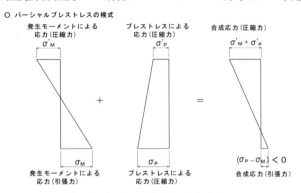

Fig.1 パーシャルプレストレス

‰(パーミル)：鉄道の縦断勾配を表す単位で、1,000m当たりの値.

ビーター：バラスト道床を突固め用つるはし状の鋼製道具(beater) (Fig.2 参照).

Fig.2 ビーター

PC鋼線：直径8㎜以下のPC鋼材.

PC鋼より線：PC鋼線を2本以上より合わせたPC鋼材.

PC鋼材：プレストレストコンクリート部材に圧縮力を与えるための鋼材で、高強度な鋼材で、PC鋼線、PC鋼より線およびPC鋼棒がある.

PC鋼材の図心：断面内におけるPC鋼材の重心位置.

PC鋼棒：直径9㎜以上の棒状のPC鋼材.

PC鋼より線の定着長：プレテンション方式PCまくらぎにおいてはレール下位置で大きな曲げモーメントが作用するので、レール下位置で十分なプレストレスを確保する必要な長さ.

普通セメント：普通ポルトランドセメントの通称で、土木工事、建築工事屋コンクリート製品等に最も多く使用されるセメント.

フルプレストレス：使用状態の荷重(列車荷重作用時)に対してコンクリートに引張応力が発生しないようにPC鋼材でプレストレスが付与された状態をいう(Fig.3 参照).

プレストレストコンクリートまくらぎ：PC鋼材により圧縮力を与える方法で製作されたコンクリートまくらぎ.

プレストレス導入時強度：プレストレス構造物において、プレストレスを与えることを容認できるコンクリート強度をいう.

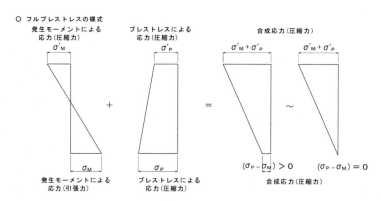

○ フルプレストレスの模式

発生モーメントによる　　　　プレストレスによる　　　　　　　　合成応力(圧縮力)
応力(圧縮力)　　　　　　　応力(圧縮力)

σ'_M　　　　　　　　　σ'_P　　　　　　$\sigma'_M + \sigma'_P$　　　　$\sigma'_M + \sigma'_P$

＋　　　　　　　＝　　　　　　　～

σ_M　　　　　　　　　σ_P　　　$(\sigma_P - \sigma_M) > 0$　　$(\sigma_P - \sigma_M) = 0$

発生モーメントによる　　　プレストレスによる　　　　　　　合成応力(圧縮力)
応力(引張力)　　　　　　応力(圧縮力)

Fig.3 フルプレストレス

プレテンション方式：プレストレストコンクリート部材の製作方法の1つで、PC鋼材に予め引張力を与えておき、このPC鋼材の周りに直接コンクリートを打込み、コンクリートの硬化後引張力を解放し、PC鋼材の付着力により圧縮力をコンクリートに伝える方法(**図5.2**参照).

プレートガーダー：鋼板・形鋼を溶接等で組み立て、I形あるいは箱形の断面をもつ桁を用いた鋼橋梁.

ポストテンション方式：プレストレストコンクリート部材の製作方法の1つで、コンクリートの硬化後PC鋼材を引張り、固定具を使用して圧縮力をコンクリートに伝える方法(**図5.5**参照).

曲げ応力：曲げモーメントによって生じる垂直応力.

曲げモーメント：部材に曲げ変形を生じさせる力.

マルチプルタイタンパ：道床バラストを挟む形で振動するタンピングツールで突き固める機械(Fig.4 参照).

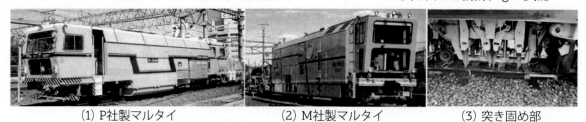

　　(1) P社製マルタイ　　　　　　(2) M社製マルタイ　　　　　　(3) 突き固め部

Fig.4 マルチプルタイタンパ

むら直し：軌道の高低狂いや水準狂いを整正する小規模な保守作業.

モノブロックまくらぎ：単一まくらぎで左右のレールを締結・支持するまくらぎ.

遊間整正：レールの温度収縮を吸収するためにレール継目部に設定する隙間.

レール締結装置：レールをまくらぎ等に定着する装置.

レールレベル：レールの頭頂面の計画高さ.

路盤：軌道を支持するための土構造物やコンクリート構造物.

ロングライン方式：プレストレストコンクリート部材のプレテンション方式による量産方法(**図5.2**参照).

参考文献

2-1) 篠原　正瑛 訳（K.E.Maedel）　：鉄道物語（WEITE WELT DES SCHIENESTRANGS）、平凡社、p.18、1971.7

2-2) 須田　征男、長門　彰、徳岡　研三、三浦　重：新しい線路-軌道の設計・管理-、日本鉄道施設協会、p.122、1997.3

2-3) 宮本　俊光、渡邊　偕年：線路-軌道の設計・管理-、山海堂、p.92、1980.7

2-4) 日本木材防腐工業組合 提供

2-5) 東　憲昭、上山　且芳、大井　清一郎、甲斐　総治郎、佐々木　秀夫、関　雅樹、長藤　敬晴、早瀬　藤二、山本　章義：軌道構造と材料-軌道・材料の設計と維持管理-、交通新聞社、p.179、2001.10

2-6) 高原　清介：新軌道材料、鉄道現業社、p.322、1985.6

2-7) 三枝　長生：学位論文、p.8

2-8) 伊藤　謙一：ダクタイル鋳鉄製まくらぎの開発、JR東日本 技術開発だより №90、pp.8~9、1996.12

2-9) 福井　義弘、高尾　謙一、江後　満喜：H形スチールまくらぎの開発、日本施設協会誌、pp.26~27、1999.9

2-10) 三浦　康夫、原　孝夫：2ブロック型鉄マクラギの開発・施工、日本鉄道施設協会、pp.33~34、1993.1

2-11) 牧野　茂樹：蘇えるアプト鉄道―大井川鉄道井川線　線路付替工事の概要―、新線路、pp.26~30、1989.12

2-12) 高原　清介：新軌道材料、鉄道現業社、p.415、1985.6

2-13) 長藤　敬晴、阿部　則次：合成まくらぎの性能、新線路、pp.10~12、1987.9

2-14) 一般財団法人 日本規格協会：JIS E 1203 合成まくらぎ、P.2、20073.2

2-15) 積水化学工業株式会社：環境・ライフラインカンパニー 機能材事業部 提供

2-16) 樋口　芳朗：コンクリートマクラギあれこれ-原点試行の重要性、セメント・コンクリート、pp.50~53、1987.12

2-17) 宮本　俊光、渡邊　偕年：線路-軌道の設計・管理-、山海堂、p.122、1980.7

2-18) 日本保線協会：コンクリートマクラギ設計図集、p.1、1957.4

2-19) 日本保線協会：コンクリートマクラギ設計図集、p.9、1957.4

2-20) 日本保線協会：コンクリートマクラギ設計図集、p.3、1957.4

2-21) 日本保線協会：コンクリートマクラギ設計図集、p.4、1957.4

2-22) 日本保線協会：コンクリートマクラギ設計図集、p.5、1957.4

2-23) 日本保線協会：コンクリートマクラギ設計図集、p.6、1957.4

2-24) 日本保線協会：コンクリートマクラギ設計図集、p.7、1957.4

2-25) 日本保線協会：コンクリートマクラギ設計図集、p.8、1957.4

2-26) 日本保線協会：コンクリートマクラギ設計図集、p.9、1957.4

2-27) 日本保線協会：コンクリートマクラギ設計図集、p.10、1957.4

2-28) 興和産業株式会社：興和式振動コンクリート カタログ、p.4 、1950.4

2-29) 宮本　俊光、渡邊　偕年：線路―軌道の設計・管理―、山海堂、p.124、1980.7

2-30) 上田　昭二三、羽賀　修：鉄道公団型まくらぎ・締結装置の開発、新線路、pp.21 ～ 23、1987.12

2-31) 帝都高速度交通営団：RC短マクラギ製作仕様書（PV、PL、KD用）、平成2年5月改正

2-32) 社団法人 プレストレストコンクリート技術協会：フレッシュマンのためのPC講座―プレストレストコンクリートの世界―、p.7、平成9年4月

2-33) BRUNO NEUMANN：Concrete railway sleepers、Cement Statistical and Technical Association、p.26、1963.8

2-34) 外国線路規格調査委員：外国鉄道線路規格、日本鉄道施設協会、p.78、1978.12

2-35) 外国線路規格調査委員：外国鉄道線路規格、日本鉄道施設協会、p.80、1978.12

2-36) 猪俣　俊司：プレストレストコンクリートの設計および施工、技報堂、p.760、昭和42年10月（6版）

2-37) BRUNO NEUMANN：Concrete railway sleepers、Cement Statistical and Technical Association、p.17、1963.8

2-38）　外国線路規格調査委員：外国鉄道線路規格、日本鉄道施設協会、p.81、1978.12

2-39）　BRUNO NEUMANN：Concrete railway sleepers、Cement Statistical and Technical Association、p.51、1963.8

2-40）　外国線路規格調査委員：外国鉄道線路規格、日本鉄道施設協会、pp.82 ～ 83、1978.12

2-41）　外国線路規格調査委員：外国鉄道線路規格、日本鉄道施設協会、p.77、1978.12

2-42）　猪俣　俊司：プレストレスドコンクリート枕木設計試作、猪俣俊司論文集、pp.Ⅲ-161~171、1991.3

2-43）　日本保線協会：コンクリートマクラギ設計図集、p.11、1957.4

3-1）　　日本保線協会：コンクリートマクラギ設計図集、pp.11~12、1957.4

3-2）　　日本保線協会：コンクリートマクラギ設計図集、pp.19~22、1957.4

3-3）　　日本保線協会：コンクリートマクラギ設計図集、pp.23~26、1957.4

3-4）　　日本保線協会：コンクリートマクラギ設計図集、p.27、1957.4

3-5）　　日本保線協会：コンクリートマクラギ設計図集、pp.28~32、1957.4

3-6）　　日本保線協会：コンクリートマクラギ設計図集、p.33、1957.4

3-7）　　日本保線協会：コンクリートマクラギ設計図集、pp.34~35、1957.4

3-8）　　日本保線協会：コンクリートマクラギ設計図集、p.38、1957.4

3-9）　　三浦　一郎、野口　功、岩崎　岩雄：ポストテンショニングPC.枕木試作実験報告、鉄道技術研究報告№40、1958.10

3-10）　高原　清介：新軌道材料、鉄道現業社、pp.292~296、昭和60年6月を筆者が加工

3-11）　日本保線協会：コンクリートマクラギ設計図集、p.36、1957.4

3-12）　宮本　俊光、渡邊　偕年：線路-軌道の設計・管理-、山海堂、p.113、1980.7

3-13）　日本国有鉄道：JRS 03201-347-13CR1 1961.10

3-14）　岩崎　岩雄、浅沼　久志：特殊区間用PCマクラギ、鉄道技術研究報告、№629、1968. 3

3-15）　日本国有鉄道：JRS 03201-15A-13BR7B 1973.10

3-16）　沼倉　明夫：低コストまくらぎの開発、R&D REVIEW、pp.11 ～ 12、2000.5

3-17）　須江　政喜、堀　雄一郎、小野寺　孝行：理想的なまくらぎ(Ideal Sleeper)に関する研究、新線路、pp.12 ～ 14、2015.7

3-18）　清水　裕介：下級線用PCまくらぎの開発、新線路、pp.34 ～ 36、2014.2

3-19）　坂本　祐輔、積木　柾人、福井　義弘：下級線用PCまくらぎの試験敷設トレース結果、新線路、pp.32 ～ 34、2014.3

3-20）　鈴木　崇士、橋本　一也、福井　義弘：構造強化と機械による効率的な軌道保守を目指して、日本鉄道施設協会誌、pp.35 ～ 37、2012.5

3-21）　猿木　雄三、JR九州における効率的な軌道補修、新線路、pp.12 ～ 14、2012.1

3-22）　BRUNO NEUMANN：Concrete railway sleepers、Cement Statistical and Technical Association、pp.59 ～ 61、1963.8

3-23）　BRUNO NEUMANN：Concrete railway sleepers、Cement Statistical and Technical Association、pp.68 ～ 69、1963.8

3-24）　渡辺　明：技術の中の人間工学 Part－1 コンクリートの工学の源流、セメント・コンクリート、pp.6 ～ 7、1994. 2

3-25）　Klaus Riessberger：Frame sleepers adapt ballasted track to modern needs、Railway Gazette International、2000.7

3-26）　前田　昌彦、可知　隆、趙　唯堅、関　雅樹：超高強度繊維補強コンクリートを使用した新型まくらぎの基本性能、コンクリート工学年次論文集 Vol.29、pp.1453 ～ 1458、2007. 3

3-27）　PCマクラギ工業会 提供

4-1）　　青戸　章：新幹線のPCマクラギの道床中すかし、鉄道線路、P.50、1970.3

4-2) 新幹線総局計画審議室軌道：コンクリートマクラギ設計資料、日本国有鉄道、p.19、昭和36年1月 を筆者が加工

4-3) 宮本　俊光、渡邊　偕年：線路―軌道の設計・管理―、山海堂、p.126、1980.7

4-4) 宮本　俊光、渡邊　偕年：線路―軌道の設計・管理―、山海堂、p.106、1980.7

4-5) 宮本　俊光、渡邊　偕年：線路―軌道の設計・管理―、山海堂、p.106、1980.7

4-6) 関西鉄道協会土木分科委員会：関西鉄道協会型PCマクラギ規格、関西鉄道協会、p.2、昭和41年2月

4-7) 鉄道総合技術研究所：鉄道構造物等設計標準・同解説 軌道構造、丸善株式会社、p.256、平成16年4月

4-8) 鉄道総合技術研究所：鉄道構造物等設計標準・同解説 コンクリート構造物、丸善株式会社、p.25、平成4年10月

4-9) 鉄道総合技術研究所：鉄道構造物等設計標準・同解説 コンクリート構造物、丸善株式会社、p.36、平成16年4月

4-10) 篠田　亮、谷口　紀久、一条　昌幸：構造物設計資料 №64、在来線の設計荷重と実荷重、p.3、1980.12

5-1) 極東興和株式会社 提供

5-2) 三浦　一郎：プレストレストコンクリートまくら木の設計および製作方法、鉄道技術研究報告 №307、p.114、1962.5

5-3) 鉄道総合技術研究所：鉄道構造物等設計標準・同解説 コンクリート構造物、丸善株式会社、p.225、平成16年4月

5-4) 高原　清介：新軌道材料、鉄道現業社、pp.312、昭和60年6月

5-5) 松原　健太郎：新幹線の軌道、日本鉄道施設協会、p.50、1964.10

5-6) 三浦　一郎：プレストレストコンクリートまくら木の設計および製作方法、鉄道技術研究報告 №307、p.74、1962.5

5-7) 三浦　一郎：プレストレストコンクリートまくら木の設計および製作方法、鉄道技術研究報告 №307、p.74、1962.5

5-8) 三浦　一郎：プレストレストコンクリートまくら木の設計および製作方法、鉄道技術研究報告 №307、p.75、1962.5

6-1) 平尾　宙：硫酸塩劣化事例―エトリンガイトの遅延生成（DEF）に関する研究―、コンクリート工学、pp.44~51、2006.7

6-2) 鉄道総合技術研究所：鉄道構造物等設計標準・同解説 コンクリート構造物、丸善株式会社、p.208、平成16年4月

6-3) コンクリート診断士委員会：コンクリート診断技術'14[基礎編]、p.52、2014.2

6-4) 渡辺 勉、箕浦　慎太郎、鈴木　大輔、曽我部　正道：営業線における経年PCまくら木の摩耗性状に関する研究、土木学会年次講演会、p.1056、2015.9

6-5) 箕浦　慎太郎、渡辺　勉、曽我部　正道、鈴木　大輔：経年PCまくらぎの摩耗性状と耐荷力への影響、鉄道総研報告 Vol.30 №2、p.44、2016

7-1) www.digi-box.jp/TBK/shinnzoback/shinzo-mai103-12b.html

7-2) 古川　敦：バラエティに富む最近の軌道構造、鉄道ジャーナル、p.92、2013.4

7-3) 山根　一眞：深夜3000人の新幹線保線作業、「メタルカラー」の時代、（株）小学館、 pp.112~118、1993.9

7-4) 宮本　俊光、渡邊　偕年：線路-軌道の設計・管理-、山海堂、pp.238~239、1980.7

7-5) 古川　敦：バラエティに富む最近の軌道構造、鉄道ジャーナル、p.91、2013.4

7-6) 宮本　俊光、渡邊　偕年：線路-軌道の設計・管理-、山海堂、pp.606~607、1980.7

7-7) 新版軌道材料編集委員会：新版 新軌道材料、鉄道現業社、p.454、平成29年10月

7-8) 公益財団法人鉄道総合技術研究所軌道技術研究部（軌道路盤）：鉄道総研技術フォーラムリーフレット、2019

7-9) 栗原　巧：TC型省力化軌道（改良型）の開発、新線路、p.44、2019.3

8-1) 岩崎　岩雄：外国における直結軌道構造、鉄道線路、pp.35~36、1959.2

8-2) 佐藤　裕：フランス国鉄の縦まくら木構造、保線ニュース、pp.14~16、1956.5

8-3) 足立　好宏、生瀬　正義：山陽型コンクリート縦まくら木について、鉄道線路、pp.22~28、1959.9

8-4) 下池　剛夫：ブロック式鉄筋コンクリート道床、外国鉄道技術情報、第3巻、第5号

8-5） 渡邊　偕年：縦型、枠型まくら木軌道の試験敷設、鉄道線路、p.50、1959.8

8-6） 山崎　市十：新幹線試験用特殊たて型マクラギの敷設と保守について、第15回保線講演会記録、pp.265~266、1962.3

8-7） 五十嵐　安三、山崎　市十：試設した「たて型まくら木」のその後、鉄道線路、pp.25~29、1963.4

8-8） 柳瀬　珠郎、高端　宏直：コンクリート縦まくら木について、鉄道線路、pp.7~13、1960.1

8-9） 大屋戸　理明、井上　寛美、曽我部　正道、松本　信之、小山　弘男、高木　言芳：バラスト道床型ラダー軌道の沈下特性試験と道床圧力解析、鉄道総研報告、Vol.10、NO.9、pp.45~50、1996.9

8-10） 佐藤　裕：軌道の動力学的強さ、鉄道業務研究資料、Vol.12、No.10-11、p.47

8-11） 井上　寛美、曽我部　正道、松本　信之、涌井　一：ラダーマクラギの開発と限界状態設計法、鉄道総研報告、Vol.10、NO.9、pp.27~32、1996.9

8-12） 井上　寛美、大屋戸　理明、鳥取　誠一、中條　友義、東山　博明：ラダーマクラギの力学特性および耐荷性能試験、鉄道総研報告、Vol.10、NO.9、pp.33~36、1996.9

8-13） 東急車輌製造(株)：東急車輌技報、第61号、2011.12

8-14） 株式会社テス、株式会社安部日鋼工業、伊岳商事株式会社、清田軌道工業株式会社：ラダー軌道システムカタログ、2007（一部配置変更）

8-15） 公益財団法人鉄道総合技術研究所鉄道力学研究部（構造力学）：鉄道総研技術フォーラムリーフレット、2019

索　引

<著者略歴>

井上 寛美（いのうえ ひろみ）

1943年生まれ。福井県三国町（現・坂井市）出身。

日本大学理工学部交通工学科卒業。博士（工学）。

1967年、国鉄入社。構造物設計事務所、仙台新幹線工事局、
鉄道技術研究所、JRへの移行で鉄道総合技術研究所を経て
1998年退社。

1980年からPCまくらぎの研究・開発に従事。
興和コンクリート（株）、（株）テスを経て、2012年PCまくら
ぎ研究所を設立。現在に至る。

2003年〜2007年、日本大学理工学部社会交通工学科非常勤
講師（軌道工学担当）。

PC まくらぎの話　改訂版

2024 年 4 月 17 日　　初版発行

著　　　者　　井上 寛美　PC まくらぎ研究所
発行・発売　　株式会社 三省堂書店／創英社
　　　　　　　〒 101-0051 東京都千代田区神田神保町 1-1
　　　　　　　Tel：03-3291-2295　Fax：03-3292-7687
印刷／製本　　大盛印刷株式会社